电子技术基础实验

林飞 宁爱华 ◎ 编著

清华大学出版社

北京

内 容 简 介

本书主要介绍电子技术相关基础实验项目的基本原理与基本操作,按照模拟电路和数字电路的划分,全书分为两篇。本书以指导大学低年级学生完成基础实验为目的,结合大学低年级学生的学习特点,主要讲述模拟电路实验和数字电路实验所用的相关元器件和仪器、实验步骤、实验报告的撰写等。本书力求让学生全面掌握模拟电路和数字电路的实验内容,同时为今后的实验环节打下坚实的基础。

本书注重基本概念、基本原理与基本计算的介绍,叙述简明扼要,通俗易懂,图形符号均采用了最新国标。本书可以作为普通高等院校计算机类相关专业、非电类各专业的电子技术基础课程实验教材,也可供有关工程技术人员参考。

图书在版编目(CIP)数据

电子技术基础实验/林飞,宁爱华编著. —北京:清华大学出版社,2020.7(2025.1重印)
ISBN 978-7-302-55638-1

Ⅰ. ①电… Ⅱ. ①林… ②宁… Ⅲ. ①电子技术—实验—高等学校—教材 Ⅳ. ①TN01-33

中国版本图书馆 CIP 数据核字(2020)第 101031 号

责任编辑:王剑乔
封面设计:刘 键
责任校对:赵琳爽
责任印制:宋 林

出版发行:清华大学出版社
    网 址:https://www.tup.com.cn,https://www.wqxuetang.com
    地 址:北京清华大学学研大厦 A 座 邮 编:100084
    社 总 机:010-83470000 邮 购:010-62786544
    投稿与读者服务:010-62776969,c-service@tup.tsinghua.edu.cn
    质量反馈:010-62772015,zhiliang@tup.tsinghua.edu.cn
印 装 者:三河市龙大印装有限公司
经 销:全国新华书店
开 本:185mm×260mm 印 张:7.75 字 数:183 千字
版 次:2020 年 7 月第 1 版 印 次:2025 年 1 月第 4 次印刷
定 价:39.00 元

产品编号:081699-01

前言

　　随着现代科学技术的飞速发展,实验已成为建立在科学理论与方法基础之上的一门技术和内容均十分庞大的知识体系。而在电子技术的发展日新月异,且已渗透到人们生产、生活方方面面的今天,作为电子技术重要专业基础课程之一的电子技术基础实验,更是日益凸显出其重要性。电子技术基础实验课程对培养学生理论联系实际的能力、动手实践能力、创新性思维能力,以及使学生建立起有关电子技术测量的基本技能与知识,激发学生对电子技术的学习兴趣等方面发挥着至关重要的作用。

　　近年来,5G、人工智能、物联网等技术迅猛发展,当前各种交叉学科不断涌现。根据教育部 2018 年最新颁布的《普通高等学校本科专业类教学质量国家标准》,对计算机类相关专业的核心课程有明确要求,电子技术基础作为推荐的核心课程,其实践环节需要体现系统设计和实践能力的培养。在人才培养方面,该标准提出:学生具备软、硬件基础和系统观;从事包括软件工程在内的软件类工作的,也要有硬件基础。而当前市面上传统的电子技术实验教材,主要是面向电气、信息类专业的学生编写的,对计算机以及非电类专业的学生而言,在课时安排紧张、覆盖面广、专业难度高等方面都存在不适应的问题。因此,迫切需要根据最新的国家标准编写适用于作为计算机以及非电类专业的实验教材。

　　本书定位于高等学校计算机类专业及其他非电类相近专业的电子技术基础课程实验教材,力求叙述简明扼要,通俗易懂,注重基本概念、基本原理与基本操作的介绍,使学生既能全面了解电子电路的概貌,又能结合实际运用,在理解电子技术相关理论的基础上注重实际操作,为日后进一步学习和科研奠定基础。全书分为模拟电路实验部分和数字电路实验部分。本书模拟电路与数字电路两部分的撰写分别由林飞和宁爱华牵头负责,两位教师长期从事模拟电路和数字电路实验的教学,并具有一定的电子通信企业的工作经验,在项目设计上结合了学生今后的工作需求而对传统教材的重点、难点做了取舍。模拟电路实验部分涵盖 9 个模拟电路实验项目,其中基础型实验项目包含常用仪器仪表的使用、单级交流放大器、射极跟随器、负反馈放大电路、比例求和运算电路;设计型和综合型实验项目包含两级阻容耦合放大电路、差动放大电路、积分电路与微分电路、波形发生电路。数字电路实验部分涵盖 11 个数字电路实验项目,其中,基础型实验项目包含数字逻辑基础、组合逻辑电路的设计、编码器及其应用、译码器及其应用、触发器、计数器、同步时序逻辑电路实验;设计型和综合型实验项目包含计数器及其应用、555 定时器及其应用、智力竞赛抢答器、电子秒表。

　　本书的模拟电路实验部分由林飞、唐戟、王昊天编写,其中,差动放大电路实验项目由唐戟编写,积分电路与微分电路实验项目由王昊天编写,其余实验项目由林飞编写。数字电路实验部分由宁爱华、包光平、易锦多编写,其中,触发器实验项目由包光平编写,555定时器及其应用由易锦多编写,其余实验项目由宁爱华编写。

本书为计算机或非电类相关专业"电子技术基础""模拟电路与数字电路"等课程的实验配套教材。由于此类理论课程一般为48~64课时,因此建议实验学时为24~32课时。

在本书的编写过程中,编者得到了许多人的帮助,这里要特别感谢成都东软学院实验实训中心罗频捷教授、教务处领导和教师们的一贯支持,感谢实验实训中心艾琳、刘伟华、李祝生、俞眉孙诸位教师的热心指导和帮助,感谢计算机科学与工程系谢绍斌教授、赵文革副教授给予的宝贵意见,同时感谢模拟电路与数字电路实验室助理团队的段珂、李磊、何国源等同学的试做和校对工作。

本书编者深知,一本优秀教材的出版不是一蹴而就的,它凝聚着编者、编辑等诸多人的心血。希望通过我们的共同努力,为读者奉上经得起时间考验的好教材。

编 者

2020 年 4 月

目录

模拟电路与数字电路实验课程具有很强的实践性,通过实验教学,可以使学生掌握基本实验技能,培养学生实验研究的能力、综合应用知识的能力和创新意识。具体要求如下。

(1) 正确使用常用电子仪器,如示波器、信号发生器、数字万用表、稳压电源等。掌握基本的测试技术,如测量电压或电流的平均值、有效值、峰值;信号的周期、相位;脉冲波形参数以及电子电路的主要技术指标。

(2) 初步掌握一种电子电路计算机辅助设计软件的使用方法。

(3) 能够根据技术要求设计最小系统,并独立完成组装和调试。

(4) 具有一定寻找和排除电子电路中常见故障的能力。

(5) 具有查阅电子器件手册的能力。

(6) 能够独立写出严谨、有理论分析、实事求是、文理通顺、字迹端正的实验报告。

基础电子技术实验室为了使师生顺利完成实验任务,确保人身和设备安全,培养师生严谨、踏实、实事求是的科学作风和爱护资产的优秀品质,特制定电子技术基础实验室实验规则如下。

(1) 实验前必须充分预习,理解实验原理,完成实验前的所有准备工作。

(2) 使用仪器、设备前必须了解其性能、操作方法及注意事项,在实验中应做到"爱护仪器设备像爱护自己的眼睛一样",轻柔操作,严禁硬扳乱扭、野蛮操作。

(3) 实验时接线要认真,相互仔细检查,确信无误才能接通电源。初学或没有把握时应经指导教师审查同意后才能接通电源。

(4) 实验时应注意观察,若发现有破坏性异常现象(例如,元器件冒烟、发热或有异味),应立即关断电源,保持现场,并报告指导教师,然后找出原因,排除故障。经指导教师同意才能继续实验。如果发生事故(例如,元器件或设备损坏),应主动填写实验事故报告单,服从指导教师对事故的处理决定(包括经济赔偿),并自觉总结经验,吸取教训。

(5) 实验过程中需要改接线时,应关断电源后才能拆、接线。

(6) 实验前,要先测试元器件性能,以便分析计算。实验过程中应仔细观察实验现象,认真记录实验结果(数据、波形及其现象)。所记录的实验结果必须经指导教师审阅签字后才能拆除实验线路。

(7) 实验结束后,必须关断全部仪器电源,并将仪器、设备、工具、导线等按规定整理好,才能离开实验室。

(8) 实验室中不得做与实验无关的事。进行实验课以外的实验,须经指导教师同意。

（9）遵守课堂纪律，不乱拿其他组的仪器、设备、工具、导线等，不在仪器设备或桌子上乱写乱画。保持实验室内安静、整洁，爱护一切公物。值日生应做好值日工作。

（10）实验后每个同学都必须按要求做一份实验报告。

实验报告应简单明了，并包括如下内容。

① 实验原始记录：包括实验电路图、必要的元器件参数、实验结果数据、波形、故障及其解决方法。原始记录必须由指导教师签字，否则无效。

② 实验结果分析：对原始记录进行必要的分析和整理，包括与估算结果的比较、误差原因和实验故障原因的分析等。总结本次实验中的体会和收获，如实验中对实验电路进行修改的原因分析、测试技巧或故障排除的方法总结、实验中所获得的经验或可引以为戒的教训等。实验报告要交予指导教师批阅。

模拟电路实验

　　模拟电路(Analog Circuit)在基础电子技术中是相对于数字电路(Digital Circuit)而言的。模拟(Analog)的现实含义是将外部世界的各类信息,如声音、图像等线性地转化为电路中的电信号,类比(模仿)为电信号。

　　模拟电路最早可以追溯到 20 世纪早期的电子管(Vacuum Tube)电路时代,1946 年,世界上第一台通用计算机 ENIAC 就是由 18000 多个电子管为核心而构成的(见图 I-1)。随着技术的发展,电子管构成的电路体积大、功耗高、价格昂贵等弊端逐渐显现。

图 I-1　ENIAC 使用的电子管器件

　　在 1947 年,晶体管(Transistor)面世,大幅解决了电子管的各种缺陷。以此为基础 IBM 公司在 1957 年前后引领业界开发出全晶体管化的 IBM 7000 系列电子计算机,使得计算机具备了在企业实用化的基础。IBM 7030 使用的晶体管电路板如图 I-2 所示。

　　几乎在晶体管计算机面世的同时,美国 TI 公司推出了集成电路(Integer Circuit,IC)。IC 能够将更多的晶体管集成到一个芯片(Chip)中,完成以前一块电路板才能完成的功能。在 1964 年,IBM 孤注一掷开发由集成电路构成的 IBM 360 系列计算机大获成功,这样的硬件基础使其具备了现代计算机的雏形。IBM 370 板卡上使用的集成电路模块如图 I-3 所示。

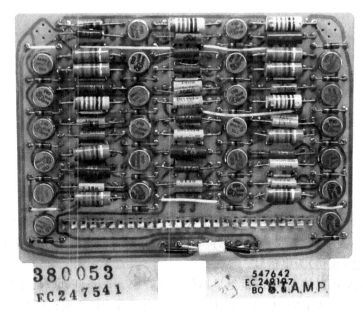

图 I-2　IBM 7030 使用的晶体管电路板

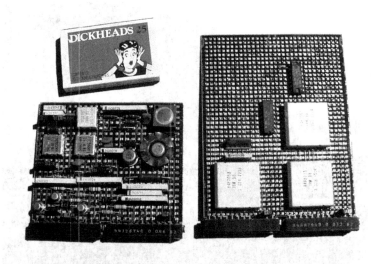

图 I-3　IBM 370 板卡上使用的集成电路模块

集成电路发展了 60 余年,不仅促进了模拟电路的小型化发展,更使得数字电路突飞猛进。但是时至今日模拟电路仍然具有不可撼动的地位。

(1) 数字电路的硬件基础仍然是模拟元器件,至今,晶体管仍然有旺盛的生命力,在各种领域仍然占据着重要角色,例如最新发布的芯片仍然使用晶体管(Transistor)数量作为衡量芯片处理能力的重要指标(见图 I-4)。而数字电路的外围电路,例如时钟电路、电源电路、接口电路等,目前都仍以模拟电路为主要形式。

图 I-4 海思手机核心芯片 Kirin 990 的晶体管数量

（2）当前在电力电子、仪器仪表、传感器、功率变换等领域，模拟电子元器件仍然占据着不可替代的位置（见图 I-5）。

图 I-5 一种音频功放板中大量使用的模拟元器件

（3）模拟电路课程是后续相关课程的基础。对有志于从事通信、电子相关行业的学生，模拟电路是后续高频电路、射频电路、微波电路等课程的先修课程。

实验 1　常用仪器仪表的使用

1.1　实验目的

（1）熟悉数字万用表的面板及其使用方法，会用万用表测电压、电流、电阻、电容的大小以及二极管和晶体管的参数等。

（2）熟悉示波器的面板及其使用方法，能用示波器观测信号波形及读数。

（3）熟悉低频信号发生器的面板及其使用方法。

1.2　实验原理

1.2.1　万用表

当前实验室使用的万用表是 OW18B 型智能蓝牙数字万用表，测量精度是 3 位半，可以满足实验室的日常教学和科研的使用要求。在本次实验中，主要将它用于关键电气参数的测量。图 1-1 所示为 OW18B 型万用表的前面板。

1. 直流电压测量方法

（1）将红表笔插入"VΩ"插孔，黑表笔插入"COM"插孔。

（2）将功能开关置于"V"量程挡，并将测试表笔并联到待测电源或负载上。

（3）从显示屏上读取测量结果。

2. 电流测量方法

（1）将红表笔插入"μA mA"或"20A"插孔（当测量 600mA 以下的电流时，插入"μA mA"插孔；当测量 600mA 及以上的电流时，插入"20A"插孔），黑表笔插入"COM"插孔。

（2）将功能开关置"A"量程挡，并将测试表笔串联接入待测负载回路里。

（3）从显示屏上读取测量结果。

3. 电阻测量方法

（1）将红表笔插入"VΩ"插孔，黑表笔插入"COM"插孔。

（2）将功能开关置"Ω"量程挡，并将测试表笔并联到待测电阻上。

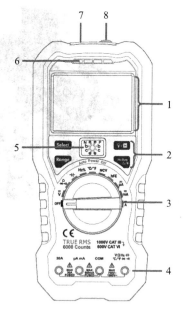

图 1-1　OW18B 型万用表的前面板

1—显示屏；2—按键；3—旋转开关；

4—输入端；5—晶体管插孔；6—指示灯；

7—非接触式电压探测器；8—手电筒

（3）从显示屏上读取测量结果。

4. 电容测量方法

（1）将功能开关置于电容量程挡。

（2）将待测电容插入电容测试输入端。

（3）从显示屏上读取测量结果。

5. 二极管测量方法

（1）将红表笔插入"VΩ"插孔，黑表笔插入"COM"插孔。

（2）将功能开关置于二极管和蜂鸣通断测量挡位。

（3）将红表笔连接到待测二极管的正极，黑表笔连接到待测二极管的负极，则显示屏上的读数为二极管正向压降的近似值。

6. 晶体管参数(h_{FE})测量方法

（1）将功能/量程开关置于"hFE"量程。

（2）决定待测二极管是 PNP 或 NPN 型，正确将基极、发射极、集电极对应插入晶体管测试插孔相应孔位，即可显示出被测量晶体管的 h_{FE} 近似值。

1.2.2　示波器

当前实验室使用的示波器是 XDS3102 型多功能示波器，双通道 100MHz 带宽，集成了函数信号发生器和万用表功能，可满足实验室的日常教学和科研的使用要求。本次实验项目中，它主要用于时序和幅度相关参数测量。图 1-2 所示为 XDS3102 型多功能示波器前面板。

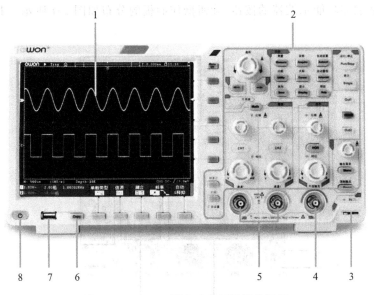

图 1-2　XDS3102 型多功能示波器前面板

1—显示区域；2—按键和旋钮控制区；3—探头补偿：5V/1kHz 信号输出；4—外触发输入；5—信号输入口；6—Copy 键：可在任何界面直接按此键保存信源波形；7—USB Host 接口（通过 U 盘保存波形时，使用该接口）；8—示波器开关（红灯：接工频交流电时的关机状态；绿灯：开机或待机状态）

XDS3102 型多功能示波器背面也有较多接口,其分布和介绍如图 1-3 所示。

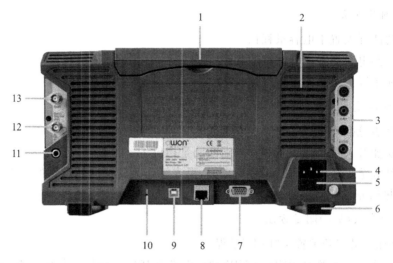

图 1-3　XDS3102 型多功能示波器背面

1—可收纳式提手;2—散热孔;3—万用表输入端;4—电源插口;5—熔断器;6—脚架:可调节示波器倾斜的角度;7—VGA 接口:VGA 输出连接到外部监视器或投影仪(可选);8—LAN 接口:提供与计算机相连接的网络接口;9—USB Device 接口:通过该接口传输数据(如连接打印机);10—锁孔:可以使用安全锁;11—AV 接口:AV 视频信号输出(可选);12—Trig Out(P/F)接口:触发输出或通过/失败输出端口(复用);13—Out1 接口:信号发生器的输出端(单通道)或通道 1 的输出端(双通道)(可选)

XDS3102 型多功能示波器的按钮/旋钮操作面板的分布如图 1-4 所示。其中,部分功能介绍如下。

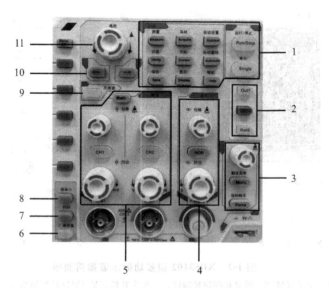

图 1-4　XDS3102 型多功能示波器操作面板

1—功能按键区;2— 信号发生器控件;3—触发控制区;4—水平控制区;5—垂直控制区;6—厂家设置;7—打印按钮;8—快捷键;9—万用表功能选择;10—方向键;11—通用按钮

（1）功能按键区：共 11 个按键。

（2）信号发生器控件：包含通道选择以及通道输出按键。

（3）触发控制区：包括两个按键和一个旋钮。其中，"触发电平"旋钮调整触发电平；其他两个按键对应触发系统的设置。

（4）水平控制区：包括一个按键和两个旋钮。在示波器状态，"水平菜单"按键对应水平系统设置菜单；"水平位移"旋钮控制触发的水平位移；"挡位"旋钮控制时基挡位。

（5）垂直控制区：包括三个按键和四个旋钮。在示波器状态，CH1、CH2 按键分别对应通道 1、通道 2 的设置菜单；Math 按键对应波形计算菜单，运算菜单中包括加、减、乘、除及FFT 等运算；两个"垂直位移"旋钮分别控制通道 1、通道 2 的垂直位移；两个"挡位"旋钮分别控制通道 1、通道 2 的电压挡位。

（6）厂家设置。

（7）打印按钮用于打印显示在示波器屏幕上的图像。

（8）开启/关闭硬件频率计的快捷键。

（9）万用表功能选择。

（10）方向键：移动选中参数的光标。

（11）通用旋钮：当屏幕菜单中出现标志时，表示可转动通用旋钮来选择当前菜单或设置数值；按下旋钮可关闭屏幕左侧及右侧菜单。

XDS3102 型多功能示波器的用户界面如图 1-5 所示。其中，部分功能介绍如下。

（1）波形显示。

（2）运行/停止（触摸屏可直接点击）。

（3）触发状态指示。

（4）点击可调出触摸主菜单。

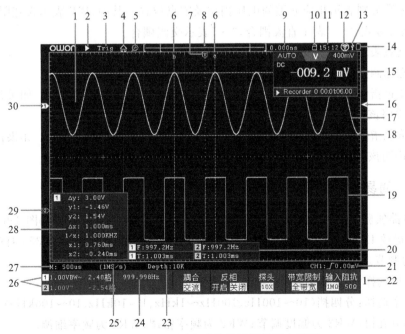

图 1-5　XDS3102 型多功能示波器的用户界面

（5）开启/关闭放大镜功能（当前 XDS3102 型示波器不支持）。

（6）两条垂直蓝色虚线指示光标测量的垂直光标位置。

（7）T 指针表示触发水平位移，水平位移控制旋钮可调整其位置。

（8）指针指示当前存储深度内的触发位置。

（9）指示当前触发水平位移的值，显示当前波形窗口在内存中的位置。

（10）该图标为触摸屏是否已锁定的图标，锁定时，屏幕不可进行触摸操作。

（11）显示系统设定的时间。

（12）已开启 Wi-Fi 功能。

（13）表示当前有 U 盘插入示波器。

（14）指示当前电池电量（当前 XDS3102 型示波器不支持）。

（15）万用表显示窗。

（16）指针表示通道的触发电平位置。

（17）通道 1 的波形。

（18）两条水平蓝色虚线指示光标测量的水平光标位置。

（19）通道 2 的波形。

（20）显示相应通道的测量项目与测量值。其中，T 表示周期，f 表示频率；V 表示平均值，V_{PP} 表示峰峰值，V_r 表示均方根值，M_a 表示最大值等。图 1-5 中只显示了周期和频率。

（21）图标表示相应通道所选择的触发类型，包含触发类型和触发电平值。

（22）下方菜单的通道标识。

（23）表示当前存储深度。

（24）触发频率显示对应通道信号的频率。

（25）表示当前采样率。

（26）读数分别表示相应通道的电压挡位及零点位置。其中，BW 表示带宽限制；图标指示通道的耦合方式，"—"表示直流耦合，"～"表示交流耦合。

（27）读数表示主时基设定值。

（28）光标测量窗口，显示光标的绝对值及各光标的读数。

（29）蓝色指针表示 CH2 通道所显示波形的接地基准点（零点位置）。如果没有表明通道的指针，说明该通道没有打开。

（30）黄色指针表示 CH1 通道所显示波形的接地基准点（零点位置）。如果没有表明通道的指针，说明该通道没有打开。

1.2.3 简易信号发生器

模拟电路实验室使用的 LH-A2B 模拟电路实验箱内置信号发生器如图 1-6 所示，它由 XR2206 及运放 LM353 组成，XR2206 产生方波、三角波、正弦波信号，LM353 对产生的信号进行不同的调节。

（1）波形选择：可选择方波、三角波、正弦波。

（2）频率选择：分四挡（10～100Hz，100Hz～1kHz，1～10kHz，10～100kHz）。

（3）调节旋钮：WR3 为幅度调节；WR2 为频率粗调；WR1 为频率细调。

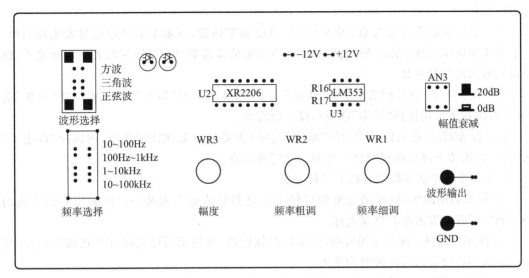

图 1-6　LH-A2B 模拟电路实验箱内置信号发生器

（4）衰减按钮：AN3 为信号衰减（衰减 20dB、0dB 两挡）。

因受器件本身影响，信号最小 V_{PP} 最好控制在 50mV 以上，小于该值时信号质量较差。如需要小信号，则可以用电阻分压衰减方式得到。

1.2.4　示波器内置信号发生器

XDS3102 型多功能示波器内置 25MHz 双通道任意波形函数发生器。该示波器可提供正弦波、矩形波、锯齿波、脉冲波共 4 种基本波形，以及噪声、指数上升、指数衰减、$\sin(x)/x$、阶梯波等 46 种内建波形。用户还可创建自定义波形并保存到内置存储器或 USB 存储器。

要使用信号发生器功能，可将示波器探头或 BNC 电缆连接至示波器背面标有 Out 的信号发生器输出端，如图 1-7 所示。

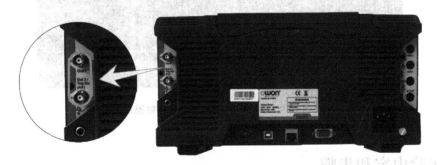

图 1-7　XDS3102 型多功能示波器内置的信号发生器接口

（1）按面板 Out 按键可开启/关闭相应通道的输出。开启输出时，对应通道的按键灯亮起。

（2）按面板 CH1/CH2 按键可在通道 1 菜单、通道 2 菜单及通道复制操作菜单之间切换。

（3）按 Out1 或 Out2 面板按键可开启/关闭相应通道的输出。开启输出时，对应通道的按键灯亮起。

（4）要设置输出波形参数，可按 CH1/CH2 面板按键，屏幕下方显示信号发生器菜单。在下方菜单项中选择所需波形，右侧显示对应波形的设置菜单。操作屏幕右侧设置菜单，即可设置所需波形的参数。

（5）设置频率：按右侧菜单中的"频率"选项（如菜单中无"频率"选项，则选择"周期"选项后，再次按下可切换到"频率"选项），设定所需值。

（6）设置幅度：按右侧菜单中的"幅度"选项（如菜单中无"幅度"选项，则选择"高电平"选项后，再次按下可切换到"幅度"选项），设定所需值。

（7）改变选中的参数值有以下三种方法。

① 使用通用旋钮：转动通用旋钮可使光标处的数值增大或减小。按通用旋钮下面的"←"和"→"方向键可左右移动光标。

② 使用软键盘：按下通用旋钮，屏幕出现软键盘，可转动通用旋钮在各按键中循环，然后按下通用旋钮确认当前按键的输入。

③ 使用触摸屏（见图 1-8）输入：点击"＋"增大光标处的值，或者点击"－"减小光标处的值；通过点击"←"和"→"方向键可左右移动光标。

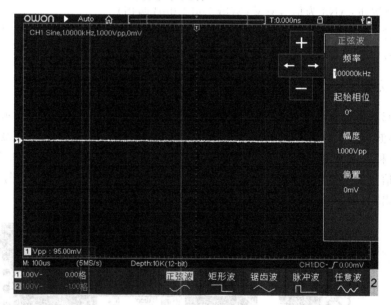

图 1-8　使用 XDS3102 型多功能示波器的触摸屏输入参数

1.3　实验内容和步骤

1.3.1　万用表直流电压挡的使用

（1）打开模拟电路实验箱供电区电源开关，全部打到 ON 位置。

（2）将万用表打入电压挡，两表笔分别接入 DC ＋5V、GND 并读数。

（3）两表笔分别接入 DC ＋12V、GND 并读数。

(4) 两表笔分别接入 DC +1.5～+15V,GND；调节 DW1 到 6V 左右并读数。

(5) 将步骤(2)、步骤(3)、步骤(4)的读数填入表 1-1 中。

表 1-1 使用万用表测量电压

电源通道	电压预期	电压读数/V
DC +5V	5V	
DC +12V	12V	
DC +1.5～+15V	6V(调节 DW1)	

1.3.2 万用表电阻挡测试

(1) 电阻没有极性,用红、黑表笔分别对色环电阻两端夹持即可测试。

(2) 电阻挡位通常有蜂鸣测试功能,通常用于检查两点间是否短路或连通,按万用表面板上的 Select 按键即可切换选择该功能。

(3) 电阻挡位通常也可用于芯片引脚对地电阻的测试,用于判断芯片的相关故障。

(4) 选择元器件盒中的色环电阻,以及模拟电路实验箱上的喇叭进行电阻功能测试,将测试结果填入表 1-2 中。

表 1-2 使用万用表测量电阻

测试项	挡 位	读数值/Ω
色环电阻 1		
色环电阻 2		
蜂鸣测试(喇叭)		

注:Auto 模式挡位分为 Ω、kΩ 、MΩ。

1.3.3 万用表的电容挡测试

(1) 电解电容具有极性,测试时需要严格确认表笔对应的极性端。

(2) 瓷片电容或陶瓷电容一般没有极性,测试时没有严格对应的要求。

(3) 选取电解电容以及瓷片电容进行电容功能测试,将测试结果填入表 1-3 中。

表 1-3 使用万用表测量电容

测试项	挡 位	读数值/F
电解电容		
瓷片电容		

注:Auto 模式挡位 μF、nF。

1.3.4 万用表的二极管功能测试

(1) 万用表的测试挡位需选择到欧姆挡(二极管和蜂鸣挡共用),通过 Select 按键选择到二极管功能挡位。

（2）二极管本身具有极性，测试时需要注意表笔对应的位置。

（3）选取整流二极管及发光二极管做二极管功能测试，将测试结果填入表1-4中。

表1-4　使用万用表测量二极管

二极管类型	正向偏置读数/V	反向偏置读数/V
整流二极管		
红色发光二极管		
绿色发光二极管		
黄色发光二极管		

注：读数需精确到万用表的最低有效位，并带上物理量单位。

1.3.5　万用表的三极管功能测试

（1）将旋钮开关转至"hFE"挡位。

（2）判别三极管是NPN型还是PNP型，然后根据类型将晶体管C（集电极）、B（基极）、E（发射极）三个脚分别插入万用表对应的插孔。

（3）读取被测三极管的h_{FE}值。

1.3.6　万用表的电流功能测试

万用表测试电流通常需要将万用表的红、黑表笔串接进被测电路中，对被测试的功能电路一般都有一定的改变甚至破坏。而在模拟电路实验箱中，可以就地利用插孔将红、黑表笔串接入电流环路中测试。同时需要注意，万用表的表笔插孔有"μA mA"和"A"两个挡位，在判别不明时，需要先从高挡位试探，直到选择到合适的读数挡位。

1.3.7　示波器的基本功能使用

（1）确认好两个探头已分别接入示波器CH1和CH2通道。

（2）接通电源，长按开机键。

（3）将CH1/CH2探头及接地夹接入自测试校准接口。

① 按下"自动设置"按钮。

② 观察显示屏波形，记录数据，并填入表1-5中。

表1-5　使用示波器的校准功能

通道	预期波形	幅度读数/V	频率读数/Hz
CH1	方波：5V、1kHz		
CH2	方波：5V、1kHz		

1.3.8　对示波器内置信号发生器的测试

（1）将CH2通道探头更换接入示波器背面的信号发生器Out1通道。

（2）将 Out1 探头和 CH1 探头对钩,使 Out1 信号送入 CH1 通道测试。

（3）设置 Out1 通道及信号参数(方波 3V、1kHz;正弦波 2V、2kHz)。

（4）按下"自动设置"按钮。

（5）观察显示屏波形,记录数据,并填入表 1-6 中。

表 1-6　使用示波器的内置信号发生器功能

波形设置	参数预设	幅度读数/V	频率读数/Hz
方波	V_{PP} 幅度:3V 频率:1kHz		
正弦波	V_{PP} 幅度:2V 频率:2kHz		

1.3.9　对模拟电路实验箱信号发生器的测试

（1）将 CH1 探头钩和接地夹分别夹在实验箱的"波形输出"和 GND。

（2）设置实验箱信号发生器信号参数(方波、三角波、正弦波)。

（3）按下"自动设置"按钮或手动调整幅度及时间旋钮,使用"测量"旋钮添加各种幅度参数测试。

观察显示屏波形,记录数据,并填入表 1-7 中。

表 1-7　使用示波器测量信号幅度和频率

波形设置	参数预设	幅度读数/V	频率读数/Hz
方波	幅度:3.3V 频率:2kHz	最大值: 平均值:	
三角波	幅度:3.3V 频率:3kHz	峰峰值:	
正弦波	幅度:2.5V 频率:5kHz	峰峰值: 均方根值:	

实验 2　单级交流放大器

2.1　实验目的

（1）掌握放大电路静态工作点的测试方法,进一步理解电路元器件参数对静态工作点的影响,学习调整静态工作点的方法。

（2）掌握测量电压放大倍数、输入电阻、输出电阻以及最大不失真输出电压幅值的方法。

（3）观察电路参数对失真的影响。

2.2 实验原理

放大电路的用途非常广泛,单管放大电路是最基本的放大电路。共射极单管放大电路是电流负反馈工作点稳定电路,它的放大能力可达到几十倍到几百倍,频率响应在几十赫兹到上千赫兹范围。不论是单级放大器还是多级放大器,它的基本任务是相同的,就是对信号给予不失真的、稳定的放大。

2.2.1 放大电路静态工作点的选择

当对放大电路仅提供直流电源,不提供输入信号时,称为静态工作情况,这时,三极管各电极的直流电压和电流的数值将和三极管特性曲线上的一点对应,这个点被称为静态工作点(Q 点)。静态工作点的选取十分重要,它影响放大器的放大倍数、波形失真及工作稳定性等。如果静态工作点选择不当,会产生饱和失真或截止失真。一般情况下,调整静态工作点就是调整电路有关电阻,使 I_{CQ} 和 U_{CEQ} 达到合适的值。由于放大电路中晶体管特性的非线性或不均匀性会造成信号非线性失真,这在单管放大电路中是不可避免的,为了降低这种非线性失真,必须使输入信号的幅值较小。

2.2.2 放大电路的基本性能

当放大电路静态工作点调好后,输入交流小信号 u_i,这时电路处于动态工作情况,放大电路的基本性能主要由动态参数描述,包括电压放大倍数、频率响应、输入电阻和输出电阻。这些参数必须在输出信号不失真的情况下才有意义。基本性能测量的原理电路如图 2-1 所示。

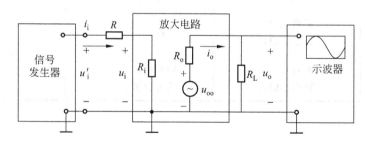

图 2-1 交流放大电路实验原理图

1. 电压放大倍数 A_u 的测量

用双通道多功能示波器测量图 2-1 中输入电压和输出电压的值,则有：

$$A_u = U_o / U_i$$

2. 输入电阻 R_i 的测量

如图 2-1 所示,放大器的输入电阻 R_i 就是从放大器输入端看进去的等效电阻。即

$$R_i = U_i / I_i$$

通常测量 R_i 的方法:在放大器的输入回路串接一个已知电阻 R,选用 $R \approx R_i$(这里的 R_i

为理论估算值)。在放大器输入端加正弦信号电压,用示波器观察放大器输出电压 u_o,在 u_o 不失真的情况下,用双通道多功能示波器测电阻 R 两端对地的电压 U_i' 和 U_i,则有:

$$R_i = \frac{U_i}{I_i} = \frac{U_i}{U_i' - U_i}R$$

3. 输出电阻 R_o 的测量

如图 2-1 所示,放大电路的输出电阻是从输出端向放大电路方向看进去的等效电阻用 R_o 表示。测量 R_o 的方法是在放大器的输入端加信号电压,在输出电压 u_o 不失真的情况下,用双通道多功能示波器分别测量空载时放大器的输出电压 U_∞ 和带负载时放大器的输出电压 U_{oL},则输出电阻:

$$R_o = \frac{U_\infty - U_{oL}}{I_o} = \frac{U_\infty - U_{oL}}{U_{oL}}R_L$$

2.3　实验内容和步骤

1. 调节静态工作点

按图 2-2 所示连接好电路(V_{CC} 为 6V 也可以为 12V,原理图以 6V 为电源),将输入端对地短路,调节电位器 R_{W1},使 $U_C = V_{CC}/2$,测量静态工作点 U_C、U_E、U_B 的数值,记入表 2-1 中,并计算 I_B 和 I_C。为了计算 I_B、I_C,应测量 R_{W1} 的阻值,测量时应切断电源,并且将它与电路的连接断开,按下式计算静态工作点:

$$I_C = \frac{V_{CC} - U_C}{R_c} \qquad I_B = \frac{V_{CC} - U_{BE}}{R_b} \qquad (R_b = R_{1R5} + R_{W1})$$

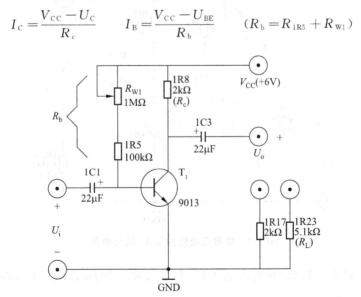

图 2-2　单级交流放大电路

也可以用数字万用表测量 1R5 两端电压 U_{1R5} 及 R_c 两端电压 U_{R_c},则

$$I_B = \frac{U_{1R5}}{R_{1R5}} \qquad I_C = \frac{U_{R_c}}{R_c}$$

表 2-1　测量三极管的静态工作点

U_C/V	U_E/V	U_B/V	$I_B/\mu A$	I_C/mA	R_{W1}/Ω

2. 测量电压放大倍数及观察负载电阻对放大倍数的影响

在实验步骤 1 的基础上,把输入对地断开,接入 $f=1kHz$、$U_i=15mV$ 的正弦波信号,负载电阻分别为 $R_L=2k\Omega$、$R_L=5.1k\Omega$ 和 $R_L=\infty$,用示波器测量输出电压的值,并用示波器观察输入电压和输出电压波形,把数据填写入表 2-2 中。

表 2-2　测量三极管的交流放大倍数

$R_L/k\Omega$	U_i/mV	U_o/mV	A_u
2			
5.1			
∞			

3. 测量输入电阻和输出电阻

按图 2-3 所示连接好电路,输入端接入 $f=1kHz$、$U_i=15mV$ 的正弦信号,分别测出电阻 1R1 两端对地信号电压 U_i 及 U_i',将测量数据及实验结果填入表 2-3 中。

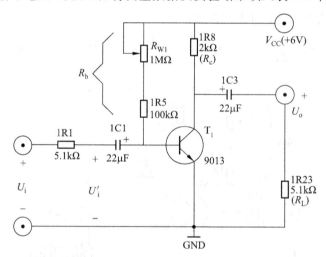

图 2-3　测量三极管的输入/输出电阻

测出负载电阻 R_L 开路时的输出电压 U_∞ 和接入 R_L 时的输出电压 U_o,将测量数据及实验结果填入表 2-3 中。

表 2-3　测量三极管的输入电阻和输出电阻

U_i/mV	U_i'/mV	R_i/Ω	U_∞/V	U_o/V	R_o/Ω

4. 观察静态工作点对放大器输出波形的影响

按图 2-2 所示连接好电路,负载电阻 $R_L = 5.1\text{k}\Omega$,将观察结果填入表 2-4 和表 2-5 中。

(1) 输入端接入 $f = 1\text{kHz}$、$U_i = 15\text{mV}$ 的正弦信号,用示波器观察正常工作时输出电压的波形并描绘下来。

(2) 逐渐减小 R_{w1} 的阻值,观察输出电压的变化,在输出电压波形出现明显削波失真时,把失真的波形描绘下来,并说明是哪种失真。注意,如果 $R_{w1} = 0\Omega$ 后仍不出现失真,可以加大输入信号 U_i 或将 R_{b1} 由 $100\text{k}\Omega$ 改为 $10\text{k}\Omega$,直到出现明显失真波形。

(3) 逐渐增大 R_{w1} 的阻值,观察输出电压的变化,在输出电压波形出现明显削波失真时,把失真波形描画下来,并说明是哪种失真。注意,如果 $R_{w1} = 1\text{M}\Omega$ 后仍不出现失真,可以加大输入信号 U_i,直到出现明显失真波形。

(4) 调节 R_{w1} 使输出电压波形不失真且幅值为最大,测量此时的静态工作点 U_C、U_B、R_w 和输出电压的数值,并估算此时的动态范围(用有效值表示)。

表 2-4　调整后的静态工作点参数

R_b/Ω	U_C/V	U_B/V	U_{omax}/V

表 2-5　静态工作点对输出波形的影响

阻　值	波形	何种失真
正常		
R_b 减少		
R_b 增大		

2.4　实验器材

(1) LH-A2B 模拟电路实验箱。

(2) OW18B 型数字万用表。

(3) XDS3102 型双通道多功能示波器。

2.5　实验预习要求

(1) 三极管及单管放大器工作原理。

(2) 放大器动态及静态测量方法。

2.6　实验报告要求

(1) 整理实验数据,填入对应的表中,并按要求进行计算。

(2) 总结电路参数变化对静态工作点和电压放大倍数的影响。

(3) 分析输入电阻和输出电阻的测试方法。

（4）讨论静态工作点对放大器输出波形的影响。

2.7　思考题

（1）实验电路的参数 R_L 及 V_{CC} 变化对输出信号的动态范围有何影响？如果输入信号加大，输出信号的波形将产生什么失真？

（2）本实验在测量放大器放大倍数时，使用示波器而不用万用表，为什么？

（3）测一个放大器的输入电阻时，若选取的串入电阻过大或过小，则会出现测试误差，请分析测试误差。

实验3　两级阻容耦合放大电路

3.1　实验目的

（1）掌握两级阻容耦合放大电路静态工作点的调整方法。
（2）掌握两级阻容耦合放大电路电压放大倍数的测量方法。
（3）掌握放大电路频率特性的测定方法。

3.2　实验原理

阻容耦合放大器是多级放大器中常见的一种，其各级直流工作点互不影响，可分别单独调整，图3-1是一个两级阻容耦合放大电路。

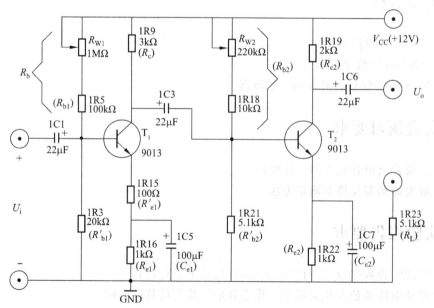

图 3-1　两级阻容耦合放大电路

多级放大器是逐级连续放大的,前级输出电压是后级的输入电压,因此多级放大器的总电压放大倍数为

$$\dot{A}_{u} = \dot{A}_{u1} \cdot \dot{A}_{u2} \cdot \cdots \cdot \dot{A}_{un}$$

即多级放大器的总电压放大倍数等于各级放大倍数的乘积。

虽然串联之后的多级放大电路放大倍数比单级放大电路要高,但阻容耦合放大器电路中有电抗性元件存在,多级放大电路下限频率 f_L 和上限频率 f_H 之间的通频带会变窄。放大电路的频率响应曲线如图 3-2 所示。

多级放大电路的上限频率与其各级上限频率之间存在以下近似关系:

$$\frac{1}{f_H} \approx 1.1 \sqrt{\frac{1}{f_{H1}^2} + \frac{1}{f_{H2}^2} + \cdots + \frac{1}{f_{Hn}^2}}$$

多级放大电路的下限频率与其各级下限频率之间也存在以下近似关系:

$$f_L \approx 1.1 \sqrt{f_{L1}^2 + f_{L2}^2 + \cdots + f_{Ln}^2}$$

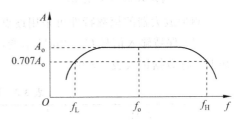

图 3-2　频率响应曲线

在实际的多级放大电路中,当各放大级的时间常数相差悬殊时,可取起主要作用的那一级作为估算的依据。例如,若其中第 k 级的上限频率 f_{Hk} 比其他各级小得多时,可近似认为总的 $f_H = f_{Hk}$。同理,若其中第 m 级的下限频率 f_{Lm} 比其他各级大得多时,可近似认为总的 $f_L = f_{Lm}$。

3.3　实验内容和步骤

1. 调整静态工作点

按图 3-1 连接好电路,首先将电源电压调到 $V_{CC} = 12V$,调节电位器 R_{W1} 使 $U_{C1} \approx 9 \sim 10V$,调节电位器 R_{W2} 使 $U_{C2} \approx 6 \sim 7V$。给放大器输入一个频率为 1kHz、大小为 2mV 的信号。用示波器分别观察第一级和第二级放大器的输出波形。若波形有失真,则可微调 R_{W1}、R_{W2},直到使两级放大器的输出信号波形都不失真为止。测量晶体管 T_1 与 T_2 的各极电位,将数据记入表 3-1 中。

表 3-1　两级放大电路的静态工作点

T₁ 管			T₂ 管		
U_{C1}/V	U_{B1}/V	U_{E1}/V	U_{C2}/V	U_{B2}/V	U_{E2}/V

2. 测量电压放大倍数

输入信号仍为频率为 1kHz、大小为 2mV 的交流信号,在不失真的情况下,按表 3-2 中给定的条件,分别测量放大器的第一级和第二级的输出电压 U_{o1} 和 U_o,并把数据记入表 3-2 中。

表 3-2　测量两级放大电路的电压放大倍数

条件 \ 数据	测试输入与输出电压			计算电压放大倍数		
	U_i/V	U_{o1}/V	U_o/V	$A_{u1}=\dfrac{U_{o1}}{U_i}$	$A_{u2}=\dfrac{U_o}{U_{o1}}$	$A_u=\dfrac{U_o}{U_i}$
放大器空载 $R_L=\infty$						
接入负载 $R_L=5.1\text{k}\Omega$						

3. 测试放大器幅频特性

测量放大器的幅频特性可采用逐点法。

（1）保持输入信号 $U_i=2\text{mV}$ 不变，接入负载 $R_L=5.1\text{k}\Omega$，改变频率测出相应的输出电压 U_o，将数据记入表 3-3 中。

表 3-3　测量放大器的幅频特性

f/Hz	
U_o/V	
A_u	

（2）找出上、下限截止频率 f_H、f_L（增益下降到中频增益的 0.707 倍时所对应的频率点，即 3 分贝点），并求出放大器的带宽 $\text{BW}=f_H-f_L$。

（3）用扫频仪测试放大器幅频特性。用扫频仪测出放大器的幅频特性曲线，读出通频带的上、下限截止频率 f_H 和 f_L。

3.4　实验器材

（1）LH-A2B 模拟电路实验箱。

（2）OW18B 型数字万用表。

（3）XDS3102 型双通道多功能示波器。

（4）扫频仪。

3.5　实验预习要求

（1）阅读相关教材。

（2）了解扫频仪的使用方法。

3.6　实验报告要求

（1）根据实验数据计算两级放大器的电压放大倍数，说明总的电压放大倍数与各级放大倍数的关系以及负载电阻对放大倍数的影响。

（2）用计算机画出实验电路的幅频特性曲线，标出 f_H 和 f_L。

（3）求出放大器的带宽：$\text{BW}=f_H-f_L$。

3.7　思考题

如何增加阻容耦合放大器的频率范围?

实验 4　负反馈放大电路

4.1　实验目的

（1）熟悉负反馈放大电路性能指标的测试方法。

（2）通过实验深入理解负反馈对放大电路性能的影响。

4.2　实验原理

电压串联负反馈放大电路如图 4-1 所示。电路通过电阻 R_f 和第一级射极电阻 R_{e1} 引入交流电压串联负反馈。电压负反馈的重要特点是电路的输出电压趋于稳定,因为无论反馈信号以何种方式引回到输入端,实际上都是利用输出电压 U_o 本身通过反馈网络对放大电路起自动调整作用。当 U_i 一定时,若负载电阻 R_L 减小而使输出电压 U_o 下降,则电路将进行如下的自动调整过程:

$$R_L \downarrow \rightarrow U_o \downarrow \rightarrow U_f \downarrow \rightarrow U_{be} \downarrow \rightarrow$$

$$U_o \uparrow$$

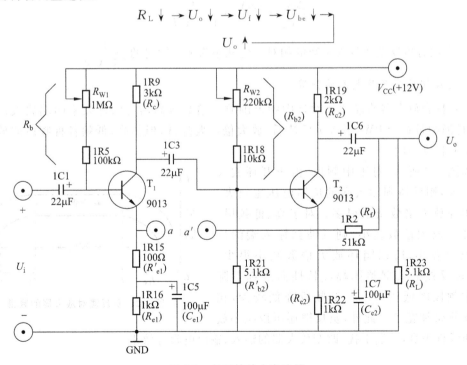

图 4-1　负反馈放大电路图

可见,反馈的作用牵制了 U_o 的下降,从而使 U_o 基本稳定,即电压串联负反馈能够稳定电压放大倍数。

1. 负反馈降低了放大器的电压放大倍数

$$\begin{cases} U_f = FU_o \\ F = \dfrac{R_{e1}}{R_{e1} + R_f} \end{cases}$$

式中: F 称为反馈系数。

若原放大器的电压放大倍数为 $A_u = U_o/U_i$,加入负反馈后的电压放大倍数为 A_{uf},则

$$A_{uf} = \frac{A_u}{1 + A_u F} \tag{4-1}$$

式中: $1 + A_u F$ 为衡量反馈强弱的物理量,称为反馈深度。

通过上面的分析可知,引入负反馈会使放大器放大倍数降低,负反馈虽然使放大倍数下降,但却改善了放大器的很多其他性能,因此负反馈在放大器中仍获得广泛的应用。

2. 负反馈提高了放大器放大倍数的稳定性

电源电压、负载电阻及晶体管参数的变化都会使放大器的增益发生变化,加入负反馈后可使这种变化相对变小,即负反馈可以提高放大倍数的稳定性。如果 $A_u F \gg 1$,则 $A_{uf} \approx 1/F$。

由此可知,深度负反馈放大器的放大倍数是由反馈网络确定的,而与原放大器的放大倍数无关。

为了说明放大器放大倍数随着外界变化的情况,通常用放大倍数的相对变化量来评价其稳定性。

$$\frac{\Delta A_{uf}}{A_{uf}} = \frac{\Delta A_u}{A_u} \cdot \frac{1}{1 + A_u F} \tag{4-2}$$

式(4-2)表明有负反馈使放大倍数的相对变化减小为无反馈时的 $\dfrac{1}{1 + A_u F}$。

3. 负反馈展宽了放大器的频带

阻容耦合放大器的幅频特性是中频范围放大倍数较高,在高、低频率两端放大倍数较低,开环通频带宽为 BW,引入负反馈后,放大倍数要降低,但是高、低频各种频段的放大倍数降低的程度不同。

如图 4-2 所示,对于中频段,由于开环放大倍数较大,则反馈到输入端的反馈电压也较大,所以闭环放大倍数减小很多。对于高、低频段,由于开环放大倍数较小,则反馈到输入端的反馈电压也较小,所以闭环放大倍数减小很少。因此,负反馈放大器整体幅频特性曲线都下降了。中频段降低较多,高、低频段降低较少,相当于通频带加宽了。此外,负反馈还可以减小放大器非线性失真,抑制干扰,改变放大器的输入、输出电阻等效果。

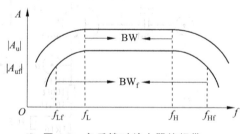

图 4-2 负反馈对放大器的频带

4.3　实验内容和步骤

1. 调整静态工作点

电路如图 4-1 所示,连接点 a 和 a' 使放大器处于闭环工作状态。输入端对地短路($U_i=0$),经检查无误后,才可接通电源,调整 R_{W1}、R_{W2} 使 $I_{C1}=I_{C2}=2\text{mA}$,此时,测量各级静态工作点,并填入表 4-1 中。

表 4-1　测量负反馈电路的静态工作点

待测参数	U_{C1}/V	U_{B1}/V	U_{E1}/V	U_{C2}/V	U_{B2}/V	U_{E2}/V
测量值						

2. 观察负反馈对放大倍数的影响

在输入端加入 $U_i=2\text{mV}$、$f=1\text{kHz}$ 的正弦波信号,分别测量电路在开环(点 a 与 a' 断开且将点 a' 接地)与闭环工作时(点 a 与 a' 连接)的输出电压 U_o,同时用示波器观察输出波形,注意波形是否失真,并计算电路在开环与闭环工作时的电压放大倍数,记入表 4-2 中,并验证式(4-1)的正确性。

表 4-2　负反馈对放大倍数的影响

工作方式待测参数	U_o/V	A_u 或 A_{uf}
开环		
闭环		

3. 观察负反馈对放大倍数稳定性的影响

改变电源电压将 V_{CC} 从 12V 变到 10V,在输入端加入 $U_i=2\text{mV}$、$f=1\text{kHz}$ 的正弦波信号,分别测量电路在开环与闭环工作状态时的输出电压,注意波形是否失真,并计算电压放大倍数相对变化量,记入表 4-3 中,并验证式(4-2)的正确性。

表 4-3　负反馈对放大倍数稳定性的影响

工作方式待测参数	$V_{CC}=12\text{V}$		$V_{CC}=10\text{V}$	
	U_o/V	A_u 或 A_{uf}	U_o/V	A_u 或 A_{uf}
开环				
闭环				

4. 幅频特性测量

$V_{CC}=12\text{V}$(不接负载),在输入端加入 $U_i=2\text{mV}$、$f=1\text{kHz}$ 的正弦波信号,然后调节信号源频率使 f 下降(保持 U_i 不变)测量 U_o,且在电压放大倍数下降到中频电压放大倍数的 0.707 倍时所对应的频率点附近时多测几点,找出下限频率。同理,使 f 上升,找出上限频率,求出放大器的带宽 $\text{BW}=f_H-f_L$,并对开环、闭环状态进行比较。

5.用示波器观察负反馈对放大器非线性失真的改善

在上述实验基础上,信号频率取 1kHz,当放大器开环时,适当加大输入信号,使输出电压波形出现轻度非线性失真,观察并绘出输出电压波形。

在放大器闭环时,再适当加大输入信号,使输出信号幅值应接近开环时的输出信号失真波形幅度,观察并绘制输出电压波形,对开环、闭环状态进行比较。

4.4　实验器材

(1) LH-A2B 模拟电路实验箱。
(2) OW18B 型数字万用表。
(3) XDS3102 型双通道多功能示波器。

4.5　实验预习要求

阅读相关教材。

4.6　实验报告要求

(1) 整理实验数据,填入对应的表中并按要求进行计算。
(2) 总结负反馈对放大器性能的影响。

4.7　思考题

(1) 负反馈放大电路的开环等效电路的画法规则是什么?画出本实验电路的开环等效电路。

(2) 负反馈对输入、输出电阻的影响如何?根据本实验电路,给出测量其开环、闭环输入、输出电阻的实验步骤。

(3) 本实验电路中引入了哪些反馈?分析它们的组态和对放大器性能的影响。

实验 5　射极跟随器

5.1　实验目的

(1) 掌握射极跟随器的特性及测量方法。
(2) 进一步学习放大器各项参数的测量方法。

5.2　实验原理

　　射极跟随器的原理图如图 5-1 所示。它是一个电压串联负反馈放大电路,它具有输入电阻高,输出电阻低,电压放大倍数接近于 1,输出电压能够在较大范围内跟随输入电压作线性变化以及输入、输出信号同相等特点。

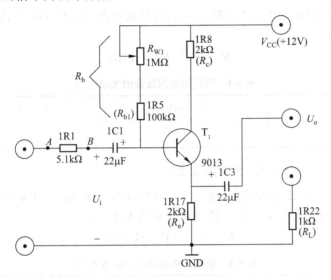

图 5-1　射极跟随器电路图

5.3　实验内容和步骤

　　1. 接线

　　按图 5-1 所示电路接线。

　　2. 静态工作点的调整

　　将电源 V_{CC}(+12V)和地(GND)接上,在 B 点加 $f=1$kHz 正弦波信号,输出端用示波器监视,反复调整 R_{W1} 及信号源输出幅度,使输出幅度在示波器屏幕上得到一个最大不失真波形,然后断开输入信号,用万用表测量晶体管各极对地的电位,即为该放大器静态工作点,将所测数据填入表 5-1。

表 5-1　测量射极跟随器的静态工作点

V_e/V	V_b/V	V_c/V	$I_c=V_e/R_e$

　　3. 测量电压放大倍数 A_u

　　接入负载 R_L(1R22=1kΩ),在点 B 输入频率为 1kHz 信号,并调节输入信号的辐值(此时偏置电位器 R_{W1} 不能再旋动),用示波器观察,在输出最大不失真情况下测 U_i、U_o 的值,并将所测数据填入表 5-2 中。

表 5-2　测量射极跟随器的电压放大倍数

U_i/V	U_o/V	$A_u = U_o/U_i$

4. 测量输出电阻 R_o

在点 B 加 $f = 1\text{kHz}$、$U_i = 500\text{mV}$ 左右的正弦波信号,接上负载 $R_L = 1\text{k}\Omega$ 时,用示波器观察输出波形,测空载输出电压 $U_o(R_L = \infty)$,有负载输出电压 $U_L(R_L = 1\text{k}\Omega)$ 的值。将所测数据填入表 5-3 中。

$$R_o = (U_o/U_L - 1)R_L$$

表 5-3　测量射极跟随器的输出电阻

U_o/mV	U_L/mV	$R_o = (U_o/U_L - 1)R_L$

5. 测量放大器输入电阻 R_i（采用换算法）

在输入端串入 $5.1\text{k}\Omega$ 电阻,点 A 加入 $f = 1\text{kHz}$ 的正弦波信号,用示波器观察输出波形,并分别测点 A、B 对地电位 V_A、V_B。将测量数据填入表 5-4。

$$R_i = [V_B/(V_A - V_B)]R$$

表 5-4　测量射极跟随器的输入电阻

V_A/V	V_B/V	$R_i = [V_B/(V_A - V_B)]R$

6. 测射极跟随器的跟随特性并测量输出电压峰值 V_{OPP}

接入负载 $R_L = 1\text{k}\Omega$,在点 B 加入 $f = 1\text{kHz}$ 的正弦信号,逐渐增大输入信号幅度 U_i,用示波器监视输出端,在波形不失真时,测所对应的输出 U_L 值,计算出 A_u,并用示波器测量输出电压的峰值 U_{OPP}。将所测数据填入表 5-5 中。

表 5-5　测量射极跟随器的跟随特性

U_i	100mV	200mV	500mV	800mV
U_L				
U_{OPP}				
A_u				

5.4　实验器材

(1) LH-A2B 模拟电路实验箱。

(2) OW18B 型数字万用表。

(3) XDS3102 型双通道多功能示波器。

5.5　实验预习要求

（1）熟悉射极跟随器原理及特点。

（2）根据图 5-1 所示元器件参数,估算静态工作点,并画出交、直流负载特性曲线。

5.6　实验报告要求

（1）整理实验数据,填入对应的表中并按要求进行计算。

（2）总结射极跟随器性能。

5.7　思考题

（1）绘制出实验原理电路图,标明实验的元器件参数值。

（2）整理实验数据并说明实验中出现的各种现象,得出有关的结论,画出必要的波形及曲线。

（3）将实验结果与理论计算比较,分析产生误差的原因。

实验 6　差动放大电路

6.1　实验目的

（1）熟悉差动放大器工作原理。

（2）掌握差动放大器的基本测试方法。

6.2　实验原理

图 6-1 是差动放大器的基本结构。它由两个元器件参数相同的基本共射放大电路组成。它用晶体管恒流源代替发射极电阻 R_e,可以进一步提高差动放大器抑制共模信号的能力,构成具有恒流源的差动放大器。

调零电位器 R_{p3} 用于调节 2V1、2V2 管的静态工作点,使输入信号 $V_i=0$ 时,双端输出电压 $V_o=0$。晶体管恒流源为两管共用的发射极电阻,它对差模信号无负反馈作用,因而不影响差模电压放大倍数,但对共模信号有较强的负反馈作用,故可以有效地抑制零漂,稳定静态工作点。

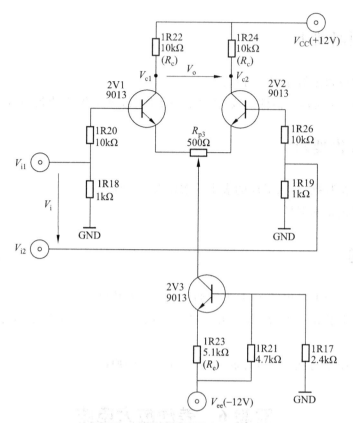

图 6-1 差动放大器电路图

6.3 实验内容和步骤

1. 测量静态工作点

（1）调零。将 V_{i1} 和 V_{i2} 输入端短路并接地，接通直流电源，调节电位器 R_{p3}，使双端（V_{c1}、V_{c2}）输出电压 $V_o=0$。

（2）测量静态工作点。测量 2V1、2V2、2V3 各极对地电压，并填入表 6-1 中。

表 6-1 调整差动放大器的静态工作点

对地电压	V_{c1}	V_{c2}	V_{c3}	V_{b1}	V_{b2}	V_{b3}	V_{e1}	V_{e2}	V_{e3}
测量值/V									

2. 测量差模电压放大倍数

在输入端分别加入直流电压信号 $V_{id}=\pm0.1V$，按表 6-2 要求测量并记录，由测量数据算出单端和双端输出的电压放大倍数。注意，先调好直流信号源的 Out1 和 Out2，使其输出分别为 0.1V 和 $-0.1V$，再接入 V_{i1} 和 V_{i2}。

3. 测量共模电压放大倍数

将输入端 V_{i1}、V_{i2} 短接，并接到直流信号源输入端，信号源另一端接地。

直流信号源分别接 Out1 和 Out2,分别测量并填入表 6-2 中。由测量数据算出单端和双端输出的电压放大倍数。进一步算出共模抑制比:

$$\text{CMRR} = \left| \frac{A_d}{A_c} \right|$$

表 6-2　测量共模电压的放大倍数

输入信号 V_i 测量及计算值	差模输入($V_{i1}=+0.1V,V_{i2}=-0.1V$)						共模输入						共模抑制
	测量值			计算值			测量值			计算值			计算值
	V_{c1}	V_{c2}	$V_{o双}$	A_{d1}	A_{d2}	$A_{d双}$	V_{c1}	V_{c2}	$V_{o双}$	A_{c1}	A_{c2}	$A_{c双}$	CMRR
$+0.1V$													
$-0.1V$													

$$A_d = \frac{\Delta V_o}{\Delta V_i} \ , \ A_c = \frac{\Delta V_o}{\Delta V_i}$$

4. 在实验板上组成单端输入的差放电路并进行实验

(1) 在图 6-1 中将 V_{i2} 接地,组成单端输入差动放大器;从 V_{i1} 端接入信号源,测量单端及双端输出,填表 6-3 记录电压值。计算单端输入时单端及双端输出的电压放大倍数,并与双端输入时的单端及双端差模电压放大倍数进行比较。

(2) V_{i2} 接地,从 V_{i1} 端加入正弦交流信号 $V_i=100\text{mV}$、$f=1\text{kHz}$,分别测量和记录单端及双端输出电压,填入表 6-3 并计算单端及双端的差模放大倍数。

注意:输入交流信号时,用示波器监视 V_{c1}、V_{c2} 波形,若有失真现象时,可减小输入电压值,使 V_{c1}、V_{c2} 都不失真为止。

表 6-3　测量单端输入的差动电路放大倍数

输入信号测量/计算值	电压值			放大倍数
	V_{c1}	V_{c2}	V_o	
直流$+0.1V$				
直流$-0.1V$				
正弦信号(100mV、1kHz)				

6.4　实验器材

(1) LH-A2B 模拟电路实验箱。

(2) OW18B 型数字万用表。

(3) XDS3102 型双通道多功能示波器。

6.5　实验预习要求

(1) 计算图 6-1 所示的静态工作点(设 $r_{bc}=3\text{k}\Omega$,$\beta=100$)及电压放大倍数。

(2) 在图 6-1 所示基础上画出单端输入电路和共模输入电路。

6.6 实验报告要求

(1) 根据实测数据计算图 6-1 所示电路的静态工作点,与预计计算结果相比较。

(2) 整理实验数据,计算各种接法的 A_d,并与理论计算值相比较。

(3) 计算实验步骤 3 中 A_c 和 CMRR 值。

(4) 总结差放电路的性能和特点。

实验 7   比例求和运算电路

7.1 实验目的

(1) 了解运算放大器的基本使用方法。

(2) 应用集成运放构成基本运算电路,并测定输出信号与输入信号之间的运算关系。

(3) 学会使用线性组件 $\mu A741$。

7.2 实验原理

1. 反相比例放大器

反相比例放大器电路如图 7-1 所示,当运算放大器开环放大倍数足够大时(10^4 以上),反相比例放大器的闭环电压放大倍数为

$$A_{uf} = \frac{U_o}{U_i} = -\frac{R_f}{R_1} \tag{7-1}$$

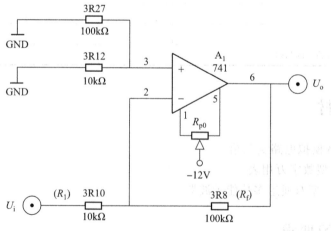

图 7-1 反相比例放大器电路

由式(7-1)可知,选用不同的电阻比值,A_{uf} 可以大于 1,也可以小于 1,若取 $R_f = R_1$,则放大器的输出电压等于输入电压的负值,也称为反相跟随器。

2. 同相比例放大器

同相比例放大器电路如图 7-2 所示,当运算放大器开环放大倍数足够大时(10^4 以上),同相比例放大器的闭环电压放大倍数为

$$A_{uf} = \frac{U_o}{U_i} = \frac{R_f}{R_1} \tag{7-2}$$

由式(7-2)可知,选用不同的电阻比值,A_{uf} 可以大于 1,也可以小于 1,若取 $R_f = R_1$,则放大器的输出电压等于输入电压,也称为跟随器。

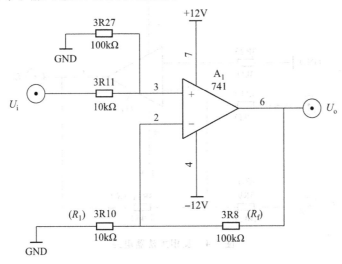

图 7-2　同相比例放大器电路

3. 减法器(差分比例运算)

减法器电路如图 7-3 所示,当运算放大器开环增益足够大时(10^4 以上),输出电压 U_o 为

$$U_o = -\frac{R_f}{R_1}(U_{i1} - U_{i2})$$

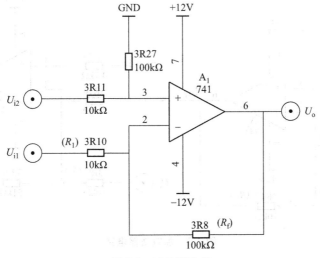

图 7-3　减法器电路

4. 反相加法器

反相加法器电路如图 7-4 所示，当运算放大器开环增益足够大时（10^4 以上），输出电压 U_o 为

$$U_o = -\frac{R_f}{R_1}(U_{i1} + U_{i2})$$

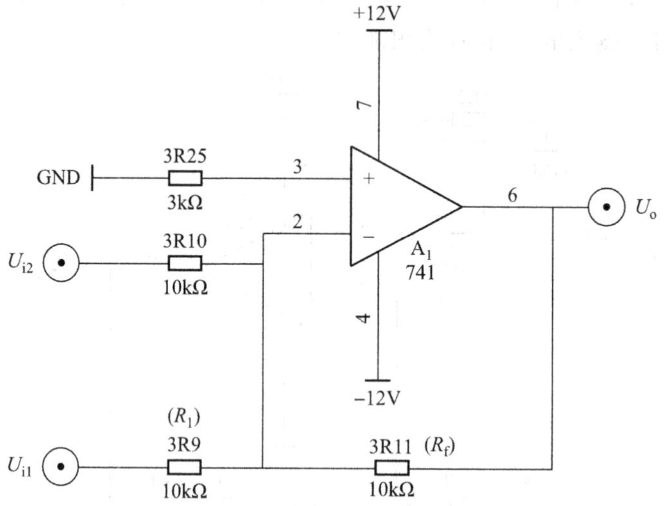

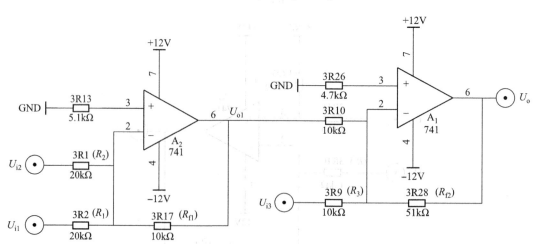

图 7-4　反相加法器电路

5. 加减法器

加减法器电路如图 7-5 所示，当运算放大器开环增益足够大时（10^4 以上），输出电压 U_o 为

$$U_o = R_{f2}\left(\frac{U_{i1}}{R_1} + \frac{U_{i2}}{R_2} - \frac{U_{i3}}{R_3}\right)$$

图 7-5　加减法器电路

7.3　实验内容和步骤

1. 调零

按图 7-1 所示连接电路,直流电源供电为 $\pm 12\text{V}$。将 U_i 对地短路,接通电源后,调节调零电位器 $R_{p0}(10\text{k}\Omega)$,使输出 $U_o = 0$,然后将短路线去掉。

2. 反相比例放大器

(1) 在步骤 1 调零的基础上,按给定直流输入信号,测量对应的输出电压,把结果记入表 7-1 中。

表 7-1　测量反相比例放大器的放大倍数

U_i/V	0.3	0.5	0.7	1.0	1.1	1.2
理论计算值 U_o/V						
实际测量值 U_o/V						
实际放大倍数 A_{uf}						

(2) 在该比例放大器的输入端加入频率为 1kHz、幅值为 0.5V 的交流信号,用示波器观察输出波形,并与输入波形相比较。

3. 同相比例放大器

(1) 按图 7-2 所示连接电路。

(2) 按给定直流输入信号,测量对应的输出电压,把结果记入表 7-2 中。

表 7-2　测量同相比例放大器的放大倍数

U_i/V	0.3	0.5	0.7	1.0	1.1	1.2
理论计算值 U_o/V						
实际测量值 U_o/V						
实际放大倍数 A_{uf}						

(3) 在该比例放大器的输入端加入频率为 1kHz、幅值为 0.5V 的交流信号,用示波器观察输出波形,并与输入波形相比较。

4. 减法器(差分比例运算)

(1) 按图 7-3 所示连接电路。

(2) 按给定直流输入信号,测量对应的输出电压,把结果记入表 7-3 中。

表 7-3　测量减法器的放大电压值

输入信号 U_{i1}/V	0.2	0.2	-0.2
输入信号 U_{i2}/V	-0.3	0.3	-0.3
计算值 U_o/V			
实际测量值 U_o/V			

5.反相加法器

按图 7-4 所示连接电路。同时将 U_{i1} 与 U_{i2} 对地短路,接通电源后,调节调零电位器 R_{p0} (10kΩ),使输出 $U_o=0$。然后将短路线去掉,按给定直流输入信号,测量对应的输出电压,把结果记入表 7-4 中。

表 7-4 测量反相加法器的放大电压值

输入信号 U_{i1}/V	1.0	1.5	−0.2
输入信号 U_{i2}/V	0.4	−0.4	1.2
计算值 U_o/V			
实际测量值 U_o/V			

6.加减法器

按图 7-5 所示连接电路。将 3R10 与第一级运放的连接断开,按前述方法对两级分别进行调零。然后将短路线去掉,接好电路,按给定直流输入信号(U_{i1} 和 U_{i2} 由同一信号源提供),测量对应的输出电压,把结果记入表 7-5 中。

表 7-5 测量加减法器的电压值

U_{i1}/V	U_{i2}/V	U_{i3}/V	计算值 U_o/V	实际测量值 U_o/V
0.4	0.8	0.4		

7.4 实验器材

(1) LH-A2B 模拟电路实验箱。
(2) OW18B 型数字万用表。

7.5 实验预习要求

(1) 写出本实验中同相比例放大器的闭环电压增益公式的推导过程。
(2) 写出本实验中加减法器输出电压公式的推导过程。
(3) 计算出各部分的理论值填入相应的表中。
(4) 阅读相关教材。

7.6 实验报告要求

(1) 整理实验数据,填入对应的表中。
(2) 将实验结果与理论计算值比较,并分析误差产生的原因。

7.7 思考题

(1) 运算放大器作比例放大时,R_1 与 R_f 的阻值误差为 ±10%,试问如何分析和计算电压增益的误差?

（2）运算放大器作精密放大时,同相输入端对地的直流电阻要与反相输入端对地的直流电阻相等,如果不相等,会引起什么现象?

实验 8　积分电路与微分电路

8.1　实验目的

（1）学会用运算放大器组成积分电路和微分电路。
（2）学会积分电路和微分电路的特点及性能。

8.2　实验原理

1. 积分电路

积分电路如图 8-1 所示。

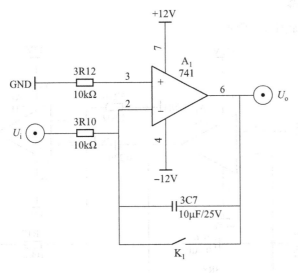

图 8-1　积分电路

反相积分电路:

$$U_o = -\frac{1}{R_1 C}\int_{t_0}^{t} U_i(t)\,\mathrm{d}t + U_o(t_0)$$

积分电路输出电压是输入电压的积分,随着不同的输入电压,输出电压也表现为不同的形式。电路除了进行积分运算外,很多情况下应用在波形变换电路中。

2. 微分电路

微分电路如图 8-2 所示。

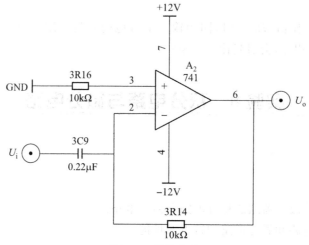

图 8-2　微分电路

微分电路理想分析得到公式：

$$U_\text{o}(t) = -RC\,\frac{\text{d}U_\text{i}(t)}{\text{d}t}$$

输出电压是输入电压的微分。

3. 积分-微分电路

积分-微分电路如图 8-3 所示。

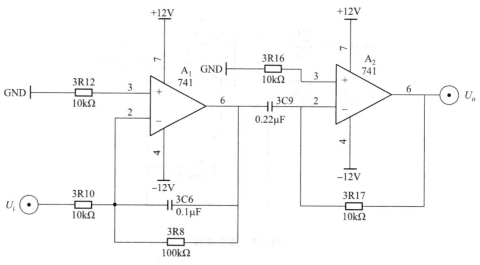

图 8-3　积分-微分电路

先积分后微分可以对输入信号进行大致的还原。

8.3　实验内容和步骤

1. 积分电路

按图 8-1 所示连接电路。

（1）取 $U_i = -1V$，K_1 断开或合上（可以用导线连接或断开替代开关 K_1），用示波器观察 U_o 变化。

（2）用示波器测量饱和输出电压及有效积分时间。

（3）使图 8-1 中积分电容改为 $0.1\mu F$，断开 K_1，U_i 分别输入频率为 100Hz、幅值为 2V 的方波（正弦波）信号，观察 U_i 和 U_o 大小及相位关系，并记录波形。

（4）改变输入的频率，观察 U_i 与 U_o 的相位、幅值关系。

2．微分电路

按图 8-2 所示连接电路。

（1）输入有效值为 1V、$f = 160Hz$ 的三角波（正弦波）信号，用示波器观察 U_i 与 U_o 波形并测量输出电压。

（2）改变三角波（正弦波）频率（20～400Hz），观察 U_i 与 U_o 的相位、幅值变化情况并记录。

（3）输入幅值为 ±5V、$f = 200Hz$ 的方波信号，用示波器观察 U_o 波形，按上述步骤重复实验。

3．积分-微分电路

按图 8-3 所示连接电路。

（1）输入 $f = 200Hz$、$U = \pm6V$ 的方波信号，用示波器观察 U_i 和 U_o 的波形并记录。

（2）将 f 改为 500Hz，重复上述实验。

8.4　实验器材

（1）LH-A2B 模拟电路实验箱。

（2）OW18B 型数字万用表。

（3）XDS3102 型双通道多功能示波器。

8.5　实验预习要求

（1）分析图 8-1 所示电路，若输入正弦波，U_o 与 U_i 相位差是多少？当输入信号为 100Hz、有效值为 2V 时，U_o 为多少？

（2）分析图 8-2 所示电路，若输入方波，U_o 与 U_i 相位差是多少？当输入信号频率为 160Hz、幅值为 1V 时，输出 U_o 为多少？

（3）拟定实验步骤，做好记录表格。

8.6　实验报告要求

（1）整理实验中的数据及波形，总结积分电路和微分电路的特点。

（2）分析实验结果与理论计算的误差原因。

实验 9　波形发生电路

9.1　实验目的

（1）掌握波形发生电路的特点和分析方法。
（2）熟悉波形发生器的设计方法。

9.2　实验原理

1. 方波发生电路

方波发生电路如图 9-1 所示。

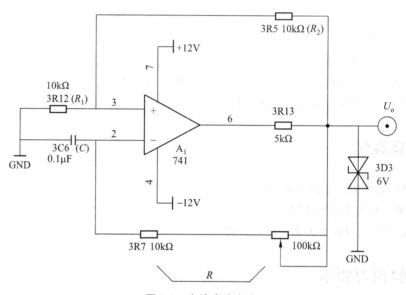

图 9-1　方波发生电路

图 9-1 所示的方波发生电路由反向输入的滞回比较器（即施密特触发器）和 RC 回路组成，滞回比较器引入正反馈，RC 回路既作为延迟环节，又作为负反馈网络，电路通过 RC 充放电实现输出状态的自动转换。分析电路，可知道滞回比较器的门限电压

$$\pm U_{\mathrm{T}} = \pm \frac{R_1}{R_1 + R_2} U_{\mathrm{Z}}$$

当 U_{o} 输出为 U_{Z} 时，U_{o} 通过 R 对 C 充电，直到 C 上的电压 U_{C} 上升到门限电压 U_{T}，此时输出 U_{o} 反转为 $-U_{\mathrm{Z}}$，电容 C 通过 R 放电，当 C 上的电压 U_{C} 下降到门限电压 $-U_{\mathrm{T}}$，输出 U_{o} 再次反转为 U_{Z}，此过程周而复始，因而输出方波。根据分析充放电过程可得公式如下：

$$T = 2RC\ln\left(1 + \frac{2R_1}{R_2}\right), \quad f = \frac{1}{T} \quad (R_1 = R_2 = 10\mathrm{k}\Omega, C = 0.1\mu\mathrm{F})$$

2. 占空比可调的矩形波发生电路

占空比可调的矩形波发生电路如图 9-2 所示。

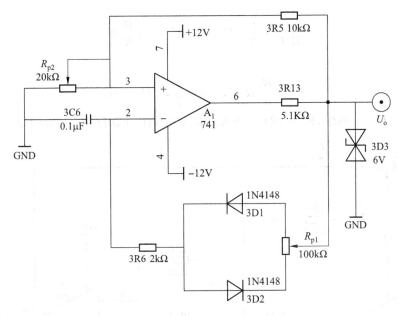

图 9-2　占空比可调的矩形波发生电路

图 9-2 所示原理与图 9-1 相同,但由于两个单向导通二极管的存在,其充电回路和放电回路的电阻不同,设电位器 R_{p1} 中属于充电回路部分(即 R_{p1} 上半部分)的电阻为 R',电位器 R_{p1} 中属于放电回路部分(即 R_{p1} 下半部分)的电阻为 R'',如不考虑二极管单向导通电压,可得公式:

$$T = t_1 + t_2 = (2R + R' + R'')C\ln\left(1 + \frac{2R_{p2}}{R_2}\right), \quad f = \frac{1}{T}$$

占空比:

$$q = \frac{R + R'}{2R + R' + R''}$$

调节 $R_{p2} = 10\text{k}\Omega$,由各条件可计算出 $f \approx 87.54\text{Hz}$。之所以与理论计算值有相当大的差异,是因为理论计算时忽略了二极管正向导通电压 0.7V,实际充放电电流比理论值小,所以频率要比理论值低。

3. 三角波发生电路

三角波发生电路电路如图 9-3 所示。

三角波发生电路是用正相输入滞回比较器与积分电路组成,与前面电路相比较,积分电路代替了一阶 RC 电路,被用作恒流充放电电路,从而形成线性三角波,同时易于带负载。分析滞回比较器,可得

$$\pm U_T = \pm \frac{R_p}{R_1} U_Z$$

分析积分电路有

$$U_{o2} = -\frac{1}{R_3 C}\int U_{o1}\,\mathrm{d}t$$

所以有

$$\frac{U_Z}{R_3 C}\cdot\frac{T}{2}=U_T-(-U_T)=2\frac{R_p}{R_1}U_Z$$

所以

$$T=4\frac{R_p}{R_1}R_3 C,\quad f=\frac{1}{T},\quad U_{o2m}=U_T$$

选 $R_1 = 3R5 = 10\text{k}\Omega$, $R_3 = 3R14 = 10\text{k}\Omega$, $R_p = 10\text{k}\Omega$,计算得 $f = 113.6\text{Hz}$ 。

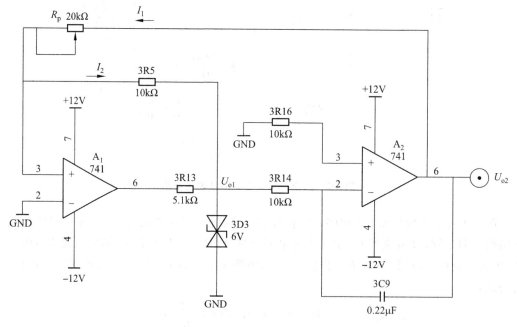

图 9-3   三角波发生电路

4. 锯齿波发生电路

锯齿波发生电路如图 9-4 所示。

电路分析与前面一样, $\pm U_T = \pm\dfrac{R_1}{R_2}U_Z$,设当 $U_{o2} = U_Z$ 时,积分回路电阻(电位器上半部分)为 R' ,当 $U_{o2} = -U_Z$ 时,积分回路电阻(电位器下半部分)为 R'' 。考虑到二极管的导通压降可得:

$$t_1 = \frac{2\dfrac{R_1}{R_2}U_Z}{U_Z - 0.7}R'C,\quad t_2 = \frac{2\dfrac{R_1}{R_2}U_Z}{U_Z - 0.7}R''C,\quad T = t_1 + t_2,\quad f = \frac{1}{T}$$

占空比 q 为

$$q = \frac{t_1}{t_2} = \frac{R'}{R' + R''}$$

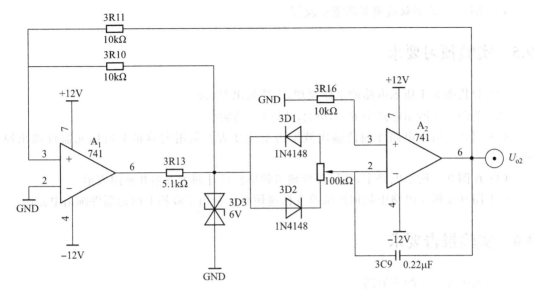

图 9-4 锯齿波发生电路

9.3 实验内容和步骤

1. 方波发生电路

(1) 按图 9-1 所示电路接线,观察 U_o 波形及频率,与预习的结果比较。

(2) 分别测出 R 为 $10k\Omega$ 和 $110k\Omega$ 时的频率,输出幅值,与预习的结果比较。

(3) 若想获得更低的频率,应如何选择电路参数?试利用实验箱上给出的元器件进行条件实验并观测之。

2. 占空比可调的矩形波发生电路

(1) 按图 9-2 所示电路接线,观察并测量 U_o 电路的振荡频率、幅值及占空比。

(2) 若要使占空比更大,应如何选择电路参数?请用实验验证。

3. 三角波发生电路

(1) 按图 9-3 所示电路接线,分别观测 U_{o1} 及 U_{o2} 的波形并记录。

(2) 如何改变输出波形的频率?按预习方案分别实验并记录。

4. 锯齿波发生电路

(1) 按图 9-4 所示电路接线,观测 U_{o2} 电路输出波形和频率。

(2) 按预习时的方案改变锯齿波频率并测量变化范围。

9.4 实验器材

(1) LH-A2B 模拟电路实验箱。

(2) OW18B 型数字万用表。

（3）XDS3102 型双通道多功能示波器。

9.5 实验预习要求

（1）分析图 9-1 所示电路的工作原理，定性画出 U_o 波形。

（2）若图 9-1 所示电路中 $R=10\text{k}\Omega$，计算 U_o 的频率。

（3）图 9-2 所示电路如何使输出波形占空比变大？利用实验箱上所标元器件画出原理图。

（4）在图 9-3 所示电路中，如何改变输出频率？设计两种方案并画图表示。

（5）图 9-4 所示电路中如何连续改变振荡频率？利用实验箱上的元器件画出电路图。

9.6 实验报告要求

（1）画出各实验的波形图。

（2）画出各实验预习要求的设计方案、电路图，写出实验步骤及结果。

（3）总结波形发生电路的特点，并回答：

① 波形产生电路需调零吗？

② 波形产生电路有没有输入端？

第 2 章

数字电路实验

数字电路(Digital Circuit)是以模拟电路中晶体管元器件为基础构成的一种对数字量进行算术运算和逻辑运算的电路,又称为数字逻辑电路。数字电路一般以 IC(Integrated Circuit)的封装形式呈现,其测试、故障查找和排除均与模拟电路有很大不同。

1. 数字集成电路封装

中、小规模数字 IC 中最常用的是 TTL 电路和 CMOS 电路。TTL 器件型号以 74(或 54)作前缀,称为 74/54 系列,如 74LS10、74F161、54S86 等。中小规模 CMOS 数字集成电路主要是 4××××/45××(×代表数字 0～9)系列,高速 CMOS 电路 HC(74HC)与 TTL 的高速电路 HCT 兼容(74HCT 系)。TTL 电路与 CMOS 电路各有优缺点,TTL 速度快,CMOS 电路功耗小、电源电压变化范围大、抗干扰能力强。由于 TTL 在世界范围内应用极广,在数字电路实验教学中,我们主要使用 TTL 74 系列芯片作为实验器件,采用+5V 作为供电电源。

数字 IC 器件有多种封装形式。为了教学实验方便,实验中所用的 74 系列器件封装选用双列直插式。图Ⅱ-1 是双列直插封装正面示意图。

双列直插封装有以下特点。

(1) 从正面看,器件一端有一个半圆缺口(或点),这是正方向的标志。缺口左边的引脚号为 1,引脚号按逆时针方向增加。图Ⅱ-1 中的数字表示引脚号。双列直插封装的 IC 引脚分 14、16、20、24、28 等若干种。

(2) 双列直插器件有两列引脚。引脚之间的间距是 2.54mm。两列引脚之间的距离有宽(15.24mm)、窄(7.62mm)两种。两列引脚之间的距离能够稍作改变,引脚间距不能改变。

图Ⅱ-1 双列直插封装正面示意图

将器件插入实验台上的插座或者从插座中拔出时要小心,注意不要将器件引脚弄弯或折断。

(3) 74 系列器件当正面半圆缺口(或点)向上时,一般左下角的最后一个引脚是 GND,右上角的引脚是 V_{CC}。例如,14 引脚器件引脚 7 是 GND,引脚 14 是 V_{CC}。16 引脚器件引脚 8 是 GND,引脚 16 是 V_{CC}。但也有一些例外,例如,14 引脚的计数器 74LS90,引脚 10(不是引脚 7)是 GND,引脚 5(不是引脚 14)是 V_{CC}。所以使用集成电路器件时要看清它的引脚图,找对电源和地,避免因接线错误造成器件损坏。

实验台上的接线采用自锁紧插头、插孔(插座)。使用自锁紧插头、插孔接线时,首先把插头插进插孔中,然后将插头按顺时针方向轻轻一拧则锁紧。拔出插头时,首先按逆时针方向轻轻拧一下插头,使插头和插孔之间松开,然后将插头从插孔中拔出。不要使劲拔出插头,以免损坏插头和连线。

注意:不能带电插、拔器件。拔器件只能在关断+5V电源的情况下进行。

2. 数字电路测试及故障查找、排除

设计好一个数字电路后,要对其进行测试,以验证设计是否正确。测试过程中,发现问题要分析原因,找出故障所在并解决它。

1) 数字电路测试

数字电路测试大体上分为静态测试和动态测试两部分。静态测试是指给定数字电路若干组静态输入值,测试数字电路的输出值是否正确。数字电路设计好后,在实验台上连接成一个完整的线路,把线路的输入接到电平开关的输出,线路的输出接到电平指示灯,按功能表或状态表的要求改变输入状态,观察输入和输出之间的关系是否符合设计要求。静态测试是检查设计是否正确,接线是否无误的重要一步。

在静态测试的基础上,按设计要求在输入端加动态脉冲信号,观察输出端波形是否符合设计要求,这是动态测试。有些数字电路只需进行静态测试,有些数字电路则必须进行动态测试。一般地说,时序电路应进行动态测试。

2) 数字电路的故障查找和排除

在数字电路实验中,出现问题是难免的。重要的是分析问题,找出出现问题的原因,从而解决它。一般有四个方面的原因产生问题(故障):器件故障、接线错误、设计错误和测试方法不正确。在查找故障过程中,首先要熟悉经常发生的典型故障。

(1) 器件故障。器件故障是器件失效或器件接插问题引起的故障,表现为器件工作不正常。不言而喻,器件失效肯定会引起电路工作不正常,这需要更换一个好器件。判断器件失效的方法是用集成电路测试仪器来测试器件,集成电路测试仪能测试器件的各种参数。器件接插问题,如引脚折断或者器件的某个(或某些)引脚没插到插座中等,也会使器件工作不正常。对于器件接插错误,有时不易发现,需要仔细检查。

(2) 接线错误。接线错误是最常见的错误。据统计,在教学实验中,百分之七十以上的故障是由接线错误引起的。常见的接线错误包括忘记接器件的电源和地;连线与插孔接触不良;连线经多次使用后,有可能外面塑料包皮完好,但内部接线损坏;连线多接、漏接、错接;连线过长、过乱造成干扰。接线错误而造成的错误现象多种多样,例如器件的某个功能块不工作或工作不正常,器件不工作或发热,电路中一部分工作状态不稳定等。

解决方法大概包括:熟悉所用器件的功能及其引脚号,知道器件每个引脚的功能;器件的电源和地一定要接对、接好;检查连线和插孔接触是否良好;检查连线有无错接,是否多接、漏接;检查连线中有无断线。重要的是接线前要画出接线图并注明芯片编号及芯片引脚标号,按图接线,不要凭记忆随想随接;接线要规范、整齐,尽量走直线、短线,以免引起干扰。

(3) 设计错误。设计错误自然会造成与设想的结果不一致。原因是对实验要求没有吃透,或者是对所用器件的原理没有掌握。因此,实验前一定要理解实验要求,掌握实验线路原理,精心设计。初始设计完成后一般应对设计进行优化。最后画好逻辑图及接线图。

(4) 测试方法不正确。如果不发生前面所述的三种错误,实验一般会成功。但有时测试方法不正确也会引起观测错误。例如,一个稳定的波形,如果用示波器观测,而示波器没有同步,则造成波形不稳的假象。因此,要学会正确使用所用仪器、仪表。在数字电路实验中,尤其要学会正确使用示波器。在对数字电路测试过程中,由于测试仪器、仪表连接到被测电路上后,对被测电路相当于一个负载,因此测试过程中也有可能引起电路本身工作状态的改变,这点应引起足够的注意,不过,在数字电路实验中,这种现象很少发生。

当实验中发现实验结果与预期不一致时,千万不要慌乱。应仔细观查现象,冷静思考问题所在。首先检查仪器、仪表的使用是否正确。在正确使用仪器、仪表的前提下,按逻辑图和接线图逐级查找问题出现在何处。通常从发现问题的地方一级一级地向前测试,直到找出故障的初始发生位置。在故障的初始位置处,首先检查连线是否正确。前面已说过,实验故障绝大部分是由接线错误引起的,因此检查一定要认真、仔细。确认接线无误后,检查器件引脚是否全部正确插进插座中,有无引脚折断、弯曲、错插问题。确认无上述问题后,取下器件测试,以检查器件好坏,或者直接换一个好器件。如果器件和接线都正确,则需要考虑设计问题。

实验 10　数字逻辑基础

10.1　实验目的

(1) 熟悉二进制、十进制、十六进制的表示方法。
(2) 掌握门电路的逻辑符号及功能。
(3) 用"与""或""非"门组成基础的门电路并测试。

10.2　实验原理和电路

10.2.1　数制的概念、表示及相互转化

如表 10-1 所示,可看到 0~15 共 16 个数在二进制、十进制和十六进制的呈现形式。

表 10-1　二进制、十进制和十六进制数值对照表

二进制	十进制	十六进制
0000	0	0
0001	1	1
0010	2	2
0011	3	3
0100	4	4

续表

二进制	十进制	十六进制
0101	5	5
0110	6	6
0111	7	7
1000	8	8
1001	9	9
1010	10	A
1011	11	B
1100	12	C
1101	13	D
1110	14	E
1111	15	F

10.2.2　TTL 与 CMOS 集成电路

集成逻辑门电路是把门电路的所有元器件及连接导线制作在同一块半导体基片上,构成集成逻辑门,又由于这种数字集成电路的输入端和输出端的结构形式都采用三极管,所以一般称为三极管集成逻辑门,简称 TTL 门电路。

TTL 集成电路由于工作速度快、输出幅度较大、种类多、不易损坏而使用较广。特别是对于学生进行实验验证,选用 TTL 电路比较合适。因此,本书大多采用 74LS(或 74)TTL系列集成电路。门电路的逻辑符号如图 10-1 所示。

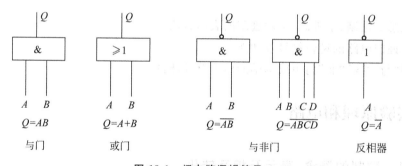

图 10-1　门电路逻辑符号

CMOS 集成电路在制造工艺方面与 TTL 存在区别,但从逻辑功能和应用的角度上讲,两者没有太大的区别。从产品的角度上讲,凡是 TTL 具有的集成电路芯片,CMOS 一般也有,不仅两者的功能相同,而且芯片的尺寸、引脚的分配一般也相同。以 TTL 为基础设计的电路,在逻辑电平及驱动能力兼容的情况下也可以用 CMOS 电路来代替。

数字电路主要研究电路的输出与输入之间的逻辑关系,这种逻辑关系是由门电路的组合来实现的。门电路是数字电路的基本单元电路。门电路的输出有三种类型:图腾柱输出(一般 TTL 门电路)、集电极开路(OC 门)输出和三态(3S)输出。它们的类型、逻辑式、逻辑符号与参考型号见附录 B。门电路的输入与输出量均为 1 和 0 两种逻辑状态。在实验中我们可以用开关的两种位置表示输入 1 和 0 两种状态,当输入端为高电平时,相应的输入端处于 1 位置;当输入端为低电平时,相应的输入端处于 0 位置。我们也可以用发光二极管的两种状态表示输出 1 和 0 两种状态,当输出端为高电平时,相应的发光二极管亮;当输出端为低电平时,相应的发光二极管不亮。我们还可以用数字万用表直接测量输出端的电压值,当电压值为 3.6V 左右时为高电平,表示 1 状态;当电压值为 0.3V 以下时为低电平,表示 0 状态。在实验中,我们可以通过测试门电路输入与输出的逻辑关系,分析和验证门电路的逻辑功能。本书实验中的集成电路芯片主要以 TTL 集成电路为主。

10.3　实验内容和步骤

1. 二进制的认识实验

将数字电路实验箱上的四只逻辑开关分别接四只发光二极管,如图 10-2 所示。

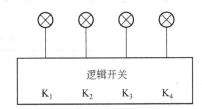

图 10-2　逻辑电平显示

分别拨动逻辑开关 K_1、K_2、K_3、K_4 为表 10-1 所示的十六种二进制状态,通过 LED 显示,熟记它所对应的十进制、十六进制所表示的数。

2. 测试 74LS00 与非门输入和输出之间的逻辑关系

与非门逻辑符号如图 10-3 所示。

(1) 将被测器件插入实验台的锁紧器中。注意识别引脚 1 的位置(集成块正面放置缺口向左,则左下角为引脚 1),正确地接地和电源。

(2) 将被测器件输入端的引脚接实验台上的逻辑开关,输出端引脚与实验台上的电平指示灯连接。拨动逻辑开关,指示灯亮表示输出电平为 1,指示灯灭表示输出电平为 0。

(3) 拨动逻辑开关,观察发光二极管的亮与灭,并将数值结果填入表 10-2 中。

注意:用 A、B、C 等表示逻辑开关变量,如 K_1 用 A 表示,K_2 用 B 表示;L 或 Y 表示输出变量,如灯用 L 表示。

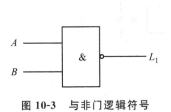

图 10-3　与非门逻辑符号

表 10-2　74LS00 真值表

输　　入		输　　出
A	B	L_1
0	0	
0	1	
1	0	
1	1	

3. 测试 74LS28 或非门输入和输出之间的逻辑关系

或非门逻辑符号如图 10-4 所示,真值表如表 10-3 所示。实验步骤如同测试 74LS00 输入和输出逻辑关系的步骤。

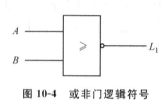

图 10-4　或非门逻辑符号

表 10-3　74LS28 真值表

输　入		输　出
A	B	L_1
0	0	
0	1	
1	0	
1	1	

4. 测试 74LS86 异或门输入和输出之间的逻辑关系

异或门逻辑符号如图 10-5 所示,真值表如表 10-4 所示。实验步骤如同测试 74LS00 输入和输出逻辑关系的步骤。

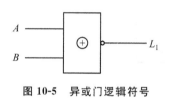

图 10-5　异或门逻辑符号

表 10-4　74LS86 真值表

输　入		输　出
A	B	L_1
0	0	
0	1	
1	0	
1	1	

5. 用逻辑表达式完成逻辑功能

利用 74LS32、74LS04 芯片完成如下逻辑表达式的接线,并测试输出结果,画出其电路图。

$$F = A \cdot B + \overline{A} \cdot \overline{B}$$

预先推出结果并记录。画出其电路图,按照电路图接线,然后验证输出结果。

6. 测试门电路逻辑功能

(1) 如图 10-6 所示逻辑电路图,在图中注明芯片的引脚号,选择需要的集成块及门电路的连线。记录结果并写出其真值表逻辑函数表达式。

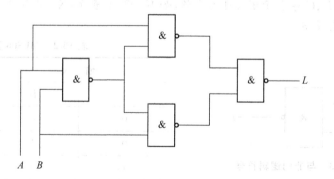

图 10-6　逻辑电路图

（2）选用双四输入与非门 74LS20 一只,插入实验台锁紧器中,按图 10-7 所示接线,输入端接开关 $K_1 \sim K_8$ 中的任意四个,输出端接 $L_1 \sim L_8$ 中的任意一个,记录结果。

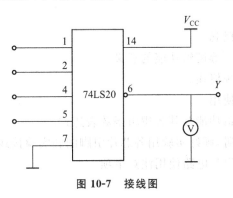

图 10-7　接线图

选做题:用两个＝输入四与非门 74LS00,按图 10-8 所示接线,将输入、输出逻辑关系分别填入表10-5 中。

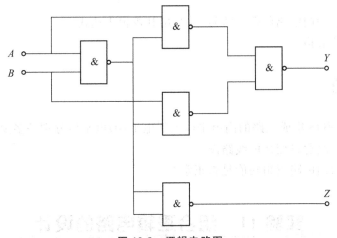

图 10-8　逻辑电路图

表 10-5　功能测试数据表

输　　入		输　　出	
A	B	Y	Z
0	0		
0	1		
1	0		
1	1		

10.4　实验器材

（1）LH-D48 型数字电路实验箱。

（2）OW18B 型数字万用表。

（3）芯片:74LS00、74LS28、74LS86、74LS04、74LS32。

10.5　实验预习要求

（1）复习数制的基本概念。
（2）复习"与""或""非"等逻辑功能的意义。
（3）仔细阅读实验系统概述。
（4）熟悉测试工具的使用。
（5）复习门电路的逻辑功能及其各逻辑函数表达式。
（6）查找集成电路手册，画好实验用各芯片引脚图和实验接线图。
（7）预习 CMOS 和 TTL 电路使用注意事项。
（8）画好实验用表格。

10.6　实验报告要求

（1）画出实验用门电路的逻辑符号，并写出其逻辑表达式。
（2）整理实验表格。

10.7　思考题

（1）TTL、CMOS 集成电路的高电平（1）、低电平（0）电平值分别是多少？
（2）画出门电路逻辑变换的线路图。
（3）怎样判断门电路逻辑功能是否正常？

实验 11　组合逻辑电路的设计

11.1　实验目的

（1）掌握组合逻辑的特点。
（2）掌握组合逻辑电路的分析方法和设计方法。
（3）掌握卡诺图的化简方法。

11.2　实验原理

按照逻辑功能的不同特点，常把数字电路分成两大类：一类叫作组合逻辑电路；另一类叫作时序逻辑电路。组合逻辑电路在任何时刻起，其输出信号都是稳态值，它的输出只取决于该时刻各个输入信号取值组合的电路。在这种电路中，当输入信号作用时，之前电路所处的状态对输出信号无影响。通常，组合逻辑电路由门电路组成。而时序逻辑电路在任何时刻,其输出信号是瞬态值,它的输出不仅仅取决于电路中各输入的状态,还与电路以前所处的状态有关系。任何复杂的组合逻辑电路都由门电路构成。

对组合逻辑电路研究的任务有分析和设计。

(1) 组合逻辑电路的分析:对已给定的组合逻辑电路找出其输出与输入之间的逻辑关系。

(2) 组合逻辑电路的设计:根据要求完成的逻辑功能,求出在特定条件下实现给定功能的逻辑电路。

两者的关系示意如图 11-1 所示。

图 11-1　组合逻辑电路分析与设计的关系

1. 分析组合逻辑电路的一般步骤

(1) 由逻辑图写出各输出端的逻辑表达式。

(2) 化简和变换各逻辑表达式。

(3) 列出真值表。

(4) 根据真值表和逻辑表达式对逻辑电路进行分析,并确定其功能。组合逻辑电路分析流程如图 11-2 所示。

图 11-2　组合逻辑电路分析流程图

2. 设计组合逻辑电路的一般步骤

(1) 根据任务的要求列出真值表。

(2) 用卡诺图或代数化简法求出最简的逻辑表达式。

(3) 根据表达式画出逻辑电路图,用标准器件构成电路。

(4) 用实验验证设计的正确性。

组合逻辑电路设计流程如图 11-3 所示。

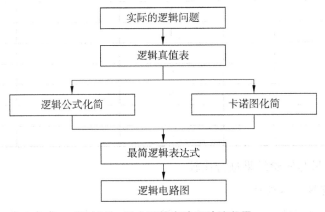

图 11-3　组合逻辑电路设计流程图

图 11-3 中,最简逻辑表达式是指电路所用的门电路个数和种类最少,且门电路之间的连线最少。

11.3 实验内容和步骤

1. 组合逻辑电路分析

用 2 片 74LS00 组成如图 11-4 所示逻辑电路。为便于接线和检查,在图中要注明芯片编号及各引脚对应的编号。

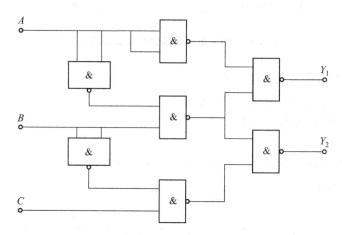

图 11-4 74LS00 构成的组合逻辑电路

(1) 按图 11-4 所示写出 Y_1、Y_2 的逻辑表达式并化简。
(2) 图中 A、B、C 接逻辑开关,Y_1、Y_2 接发光管电平显示。
(3) 改变 A、B、C 的输入状态,填写表 11-1 中 Y_1 和 Y_2 的输出状态。

表 11-1 测试数据记录表

输　入			输　出	
A	B	C	Y_1	Y_2
0	0	0		
0	0	1		
0	1	1		
1	1	1		
1	1	0		
1	0	0		
1	0	1		
0	1	0		

(4) 将运算结果与实验结果进行比较。

2. 组合输出逻辑电路设计

用所给芯片(2 片 74LS10、1 片 74LS04)设计一个多路输出逻辑电路。该电路的输入是一个 8421BCD 码,当电路检测到输入的代码大于或等于 $(3)_{10}$ 时,电路的输出 $F_1=1$,其他情况 $F_1=0$;当输入的代码小于 $(7)_{10}$ 时,电路的另一个输出 $F_2=1$,其他情况下 $F_2=0$。

该逻辑电路的结构如图 11-5 所示。

图 11-5　多路输出逻辑电路结构图

根据题意,真值表如表 11-2 所示。

表 11-2　多路输出逻辑电路真值表

B_3	B_2	B_1	B_0	F_1	F_2
0	0	0	0	0	1
0	0	0	1	0	1
0	0	1	0	0	1
0	0	1	1	1	1
0	1	0	0	1	1
0	1	0	1	1	1
0	1	1	0	1	1
0	1	1	1	1	0
1	0	0	0	1	0
1	0	0	1	1	0
1	0	1	0	1	0
1	0	1	1	1	0
1	1	0	0	1	0
1	1	0	1	1	0
1	1	1	0	1	0
1	1	1	1	1	0

根据真值表写出函数最少项表达式:

$$F_1=\sum m(3,4,5,6,7,8,9)+\sum d(10,11,12,13,14,15)$$

$$F_2=\sum m(0,1,2,3,4,5,6)+\sum d(10,11,12,13,14,15)$$

(1) 利用卡诺图法对公式 F_1、F_2 进行化简,在预习报告中写出化简过程。

(2) 将化简函数转化成与非-与非表达式为:

$$F_1 = B_3 + B_2 + B_1 B_0$$
$$F_2 = \overline{B_3}\,\overline{B_2} + \overline{B_1}\,\overline{B_3} + \overline{B_0}\,\overline{B_3}$$

因为采用的是与非门实现上述函数,则应将它们转换成与非-与非表达式(见图11-6):

$$F_1 = \overline{\overline{\overline{B_3} \cdot \overline{B_2} \cdot \overline{B_1 B_0}}}$$ $$F_2 = \overline{\overline{\overline{B_2}\,\overline{B_3}} \cdot \overline{\overline{B_1}\,\overline{B_3}} \cdot \overline{\overline{B_0}\,\overline{B_3}}}$$

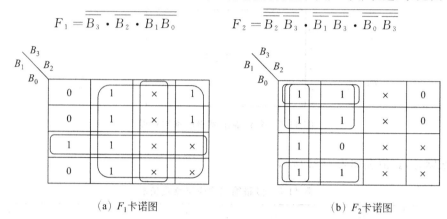

(a) F_1 卡诺图   (b) F_2 卡诺图

图 11-6　卡诺图

其相应的逻辑电路如图 11-7 所示。

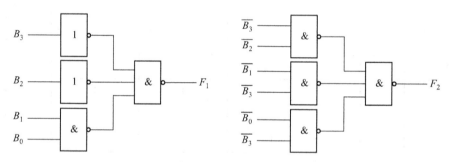

图 11-7　多路输出逻辑电路连接原理图

利用所给芯片,根据图 11-7 所示的逻辑电路图接线,输入端 B_3、B_2、B_1、B_0 分别接至数据开关 K_3、K_2、K_1、K_0 输出端,F_1、F_2 分别接至显示灯 L_1、L_2。拨动数据开关,当输入状态不同组合时,观察显示灯 L_1、L_2 的状态,并将观察结果记录在表 11-3 中。为便于接线和检查,在图中要注明芯片编号及各引脚对应的编号。

注意:设计多路输出函数的组合逻辑电路时,应将多个输出函数当作一个整体考虑,而不应该将其截然分开。多路输出组合电路达到最后的关键是在函数简化时找出各输出函数的公用项,使之在逻辑电路中实现逻辑门的"共享",从而达到电路整体结构最简。画图时注意符号的正确使用和布局、布线等。

表 11-3　测试结果记录表

K_3	K_2	K_1	K_0	L_1	L_2
0	0	0	0		
0	0	0	1		

续表

K₃	K₂	K₁	K₀	L₁	L₂
0	0	1	0		
0	0	1	1		
0	1	0	0		
0	1	0	1		
0	1	1	0		
0	1	1	1		
1	0	0	0		
1	0	0	1		
1	0	1	0		
1	0	1	1		

将记录结果与真值表相对照,检查所设计的电路是否满足所要求的逻辑功能。

11.4　实验器材

（1）LH-D48 型数字电路实验箱。

（2）OW18B 型数字万用表。

（3）芯片:74LS10、74LS04。

11.5　实验预习要求

（1）掌握组合逻辑电路的特点。

（2）掌握卡诺图的化简方法。

（3）掌握逻辑函数表达式和逻辑图的转换。

（4）设计实验电路的逻辑图,标出所用芯片的引脚编号。

（5）多输出逻辑函数简化时应注意什么?

11.6　实验报告要求

（1）总结小规模芯片构成的组合逻辑电路的分析方法与设计方法。

（2）简述实验过程中遇到的故障和排除过程。

11.7　思考题

在进行组合逻辑电路设计时,什么是最佳设计方案?

实验 12 编码器及其应用

12.1 实验目的

（1）掌握编码器的工作原理和特点。
（2）熟悉常用编码器的逻辑功能及其典型应用。

12.2 实验原理和电路

编码器是组合电路的一部分，它是实现编码操作的电路。编码和译码是相反的过程，按照被编码信号的不同特点和要求，编码器可分成如下三类。

（1）二进制编码器：如用门电路构成的 4-2 线编码器、8-3 线编码器等。

（2）二-十进制编码器：将十进制的 $0\sim9$ 编写成 BCD 码，如 10-4 线（十进制-BCD 码）编码器 74LS147 等。

（3）优先编码器：如 8-3 线优先编码器 74LS148 等。

12.3 实验内容和步骤

（1）将 10-4 线（十进制-BCD 码）编码器 74LS147 插入实验系统 IC 空插座中，按照图 12-1 所示接线，其中，输入接 9 位逻辑开关，输出 Q_D、Q_C、Q_B、Q_A 接 4 个 LED 发光二极管。

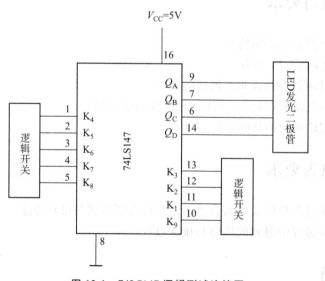

图 12-1 74LS147 逻辑测试连接图

（2）将结果填入表 12-1 中。

表 12-1　10-4 线编码器功能测试记录表

输　入									输　出			
1	2	3	4	5	6	7	8	9	Q_D	Q_C	Q_B	Q_A
1	1	1	1	1	1	1	1	1	1	1	1	1
×	×	×	×	×	×	×	×	0				
×	×	×	×	×	×	×	0	1				
×	×	×	×	×	×	0	1	1				
×	×	×	×	×	0	1	1	1				
×	×	×	×	0	1	1	1	1				
×	×	×	0	1	1	1	1	1				
×	×	0	1	1	1	1	1	1				
×	0	1	1	1	1	1	1	1				
0	1	1	1	1	1	1	1	1				
1	1	1	1	1	1	1	1	1				

（3）将 3-8 线优先编码器按上述同样方法进行实验论证。其接线图如图 12-2 所示。

（4）拨动开关,将 LED 的变化填入表 12-2 中。

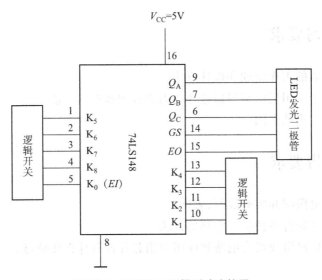

图 12-2　74LS148 逻辑测试连接图

表 12-2　3-8 线编码器功能测试记录表

输　入									输　出				
EI	0	1	2	3	4	5	6	7	Q_C	Q_B	Q_A	GS	EO
1	×	×	×	×	×	×	×	×	1	1	1	1	1
0	1	1	1	1	1	1	1	1					

续表

输　入									输　出				
EI	0	1	2	3	4	5	6	7	Q_C	Q_B	Q_A	GS	EO
0	×	×	×	×	×	×	×	0					
0	×	×	×	×	×	×	0	1					
0	×	×	×	×	×	0	1	1					
0	×	×	×	×	0	1	1	1					
0	×	×	×	0	1	1	1	1					
0	×	×	0	1	1	1	1	1					
0	×	0	1	1	1	1	1	1					
0	1	1	1	1	1	1	1	1					

12.4　实验器材

（1）LH-D48 型数字电路实验箱。

（2）OW18B 型数字万用表。

（3）芯片:74LS147、74LS148。

12.5　实验预习要求

（1）复习编码器的工作原理和设计方法。

（2）熟悉实验中所用到的编码器芯片的引脚排列和逻辑功能。

（3）画出实验逻辑状态图。

12.6　实验报告要求

（1）整理实验电路图和实验数据、表格。

（2）总结用芯片进行各种扩展电路的方法。

（3）比较用门电路组成组合电路和应用专用芯片各有什么优缺点。

实验 13　译码器及其应用

13.1　实验目的

（1）掌握译码器工作原理和特点。

（2）熟悉常用译码器的逻辑功能及其典型应用。

13.2　实验原理

译码器是组合电路的一部分。所谓译码,就是把代码的特点含义"翻译"出来的过程,而实现译码操作的电路称为译码器,译码器的特点如下。

(1) 它是多输入多输出的组合逻辑电路。

(2) 输入 n 位二进制代码,输出与之对应的电位信息。

译码器可分为以下两类。

(1) 通用译码器:二进制译码器、二-十进制译码器。

(2) 显示译码器:TTL 共阴极显示译码器和共阳极显示译码器、CMOS 显示译码器。

13.3　实验内容和步骤

13.3.1　使用通用译码器

1. 译码器的功能测试接线

按图 13-1 所示的引脚接线,测试单个 2-4 线译码器的功能(只接 74LS139 芯片中的一个译码器),一片 74LS139 中含两个 2-4 线译码器。

$1B$、$1A$、$1G$ 输入端接逻辑电平信号,$1Y_0$、$1Y_1$、$1Y_2$、$1Y_3$ 输出端接指示灯。

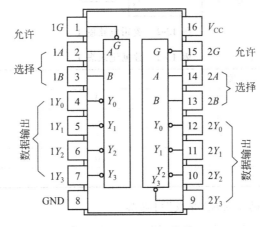

图 13-1　74LS139 芯片

2. 测试

当 $G=1$ 时,测试四个输出信号的逻辑电平是否全为 1。当 $G=0$ 时,2-4 线译码器进入正常工作状态(引脚 G 用于控制输出,当 G 为高电平时,禁止输出,所有输出 $Y_0 \sim Y_3$ 为高电平;当 G 为低电平时,允许输出,由数据选择端 A、B 决定输出 $Y_0 \sim Y_3$ 中的哪一路数据为低电平),给 $1B$、$1A$ 选择信号端加不同组合逻辑电平,观察输出端 $1Y_0$、$1Y_1$、$1Y_2$、$1Y_3$ 所接指示灯的变化,灯亮表示高电平 1,不亮表示低电平 0,请将观测的结果记录在表 13-1 中。

表 13-1　2-4 线译码器逻辑功能表

输　入			输　出				
G	B	A	Y_0	Y_1	Y_2	Y_3	输出逻辑关系式
1	×	×					
0	0	0					
0	0	1					
0	1	0					
0	1	1					

3. 利用 74LS139 译码器实现"同或"门电路

$$Y = \overline{Y_0 \cdot Y_3} = \overline{Y_0} + \overline{Y_3} = \overline{A} \cdot \overline{B} + A \cdot B = A \odot B$$

如图 13-2 所示连接电路,将实验结果填入表 13-2 中,验证其逻辑关系是否符合"同或"逻辑门电路的逻辑关系。

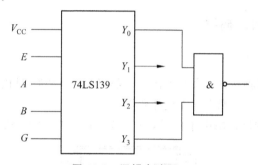

图 13-2　逻辑电路图 1

表 13-2　数据记录表 1

输　入			输　出
E	B	A	Y
0	0	0	
0	0	1	
0	1	0	
0	1	1	

4. 利用 74LS139 译码器实现"异或"门电路

$$Y = \overline{Y_1 \cdot Y_2} = \overline{Y_1} + \overline{Y_2} = A \cdot \overline{B} + \overline{A} \cdot B = A \oplus B$$

如图 13-3 所示连接电路,将实验结果填入表 13-3 中,验证其逻辑关系是否符合"异或"逻辑门电路的逻辑关系。

表 13-3　数据记录表 2

输　入			输　出
E	B	A	Y
0	0	0	
0	0	1	
0	1	0	
0	1	1	

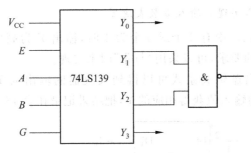

图 13-3 逻辑电路图 2

5. 用 74LS139 集成电路将 2-4 线译码器扩展成 3-8 线译码器

(1) 接线:扩展的 3-8 线译码器逻辑电路如图 13-4 所示。按图 13-4 所示连线,A、B、C 输入端接实验箱的逻辑开关,$Y_0 \sim Y_7$ 接实验箱的发光二极管。

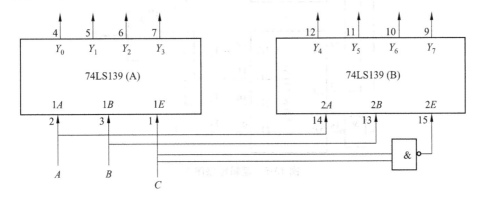

图 13-4 译码器逻辑转换电路

(2) 测试:按真值表 13-4 给扩展的 3-8 线译码器输入端送入不同组合的逻辑电平,将输出端显示的逻辑电平填入表中,灯亮表示高电平 1,灯灭表示低电平 0。注意输入和输出高低电位的顺序。

表 13-4 数据记录表 3

输 入			输 出							
C	B	A	Y_0	Y_1	Y_2	Y_3	Y_4	Y_5	Y_6	Y_7
0	0	0								
0	0	1								
0	1	0								
0	1	1								
1	0	0								
1	0	1								
1	1	0								
1	1	1								

6. 利用 3-8 线译码器实现 3 输入多数表决器

要求:3 个输入 A、B、C 中有 2 个或 3 个为 1 时,输出 Y 为高电平;否则,Y 为低电平。根据 3 输入多数表决器的要求,可以采用"与非"门来实现。

从 3-8 线译码器输出逻辑关系式可以得到表决器的输出为 $Y = \overline{Y_3 \cdot Y_5 \cdot Y_6 \cdot Y_7}$,如图 13-5 所示,根据不同的输入值获得相应的 Y,把结果记录在表 13-5 中。

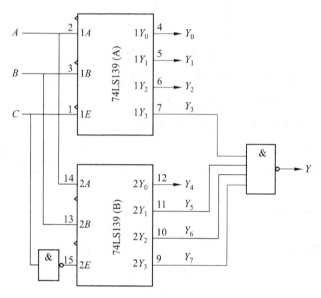

图 13-5　逻辑电路图 3

表 13-5　数据记录表 4

A	B	C	Y
0	0	0	
0	0	1	
0	1	0	
0	1	1	
1	0	0	
1	0	1	
1	1	0	
1	1	1	

13.3.2　使用数码显示译码器

七段发光二极管(LED)数码管是目前最常用的数字显示器,图 13-6(a)为其引脚功能图,图 13-6(b)、图 13-6(c)为共阴极和共阳极电路。

一个 LED 数码管可用来显示一位 0~9 十进制数和一个小数点。小型数码管(0.5 英寸和 0.36 英寸)每段发光二极管的正向压降随显示光(通常为红、绿、黄、橙色)的颜色不同略有差别,通常为 $2\sim2.5V$,每个发光二极管的点亮电流为 $5\sim10mA$。LED 数码管要显示 BCD 码所表示的十进制数字就需要有一个专门的译码器,该译码器不但要完成译码功能,还要有相当的驱动能力。

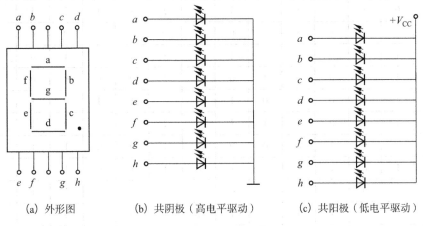

(a) 外形图　　　(b) 共阴极（高电平驱动）　　　(c) 共阳极（低电平驱动）

图 13-6　LED 数码管

LED 数码管通常使用 BCD 码七段译码驱动器驱动,驱动器有 74LS47（共阳）、74LS48（共阴）、CC4511（共阴）等。

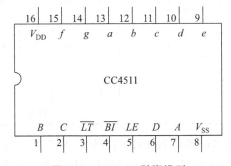

图 13-7　CC4511 引脚排列

图 13-7 为 CC4511 引脚排列图,其中各部分含义如下。

(1) A、B、C、D 为 BCD 码输入端。

(2) a、b、c、d、e、f、g 为译码输出端,输出高电平 1 有效,用来驱动共阴极 LED 数码管。

(3) $\overline{LT}$ 为测试输入端,$\overline{LT}=0$ 时,译码输出全为 1。

(4) $\overline{BI}$ 为消隐输入端,$\overline{BI}=0$ 时,译码输出全为 0。

(5) LE 为锁定端,$LE=1$ 时,译码器处于锁定（保持）状态,译码输出保持在 $LE=0$ 时的数值,$LE=0$ 为正常译码。

表 13-6 为 CC4511 译码器功能表。CC4511 内接有上拉电阻,故只需在输出端与数码管笔段之间串入限流电阻即可工作。译码器还有拒伪码功能,当输入码超过 1001 时,输出全为 0,数码管熄灭。

表 13-6　CC4511 译码器功能表

输　入							输　出							
LE	$\overline{BI}$	$\overline{LT}$	D	C	B	A	a	b	c	d	e	f	g	显示字形
×	×	0	×	×	×	×	1	1	1	1	1	1	1	8
×	0	1	×	×	×	×	0	0	0	0	0	0	0	消隐
0	1	1	0	0	0	0	1	1	1	1	1	1	0	0
0	1	1	0	0	0	1	0	1	1	0	0	0	0	1
0	1	1	0	0	1	0	1	1	0	1	1	0	1	2
0	1	1	0	0	1	1	1	1	1	1	0	0	1	3
0	1	1	0	1	0	0	0	1	1	0	0	1	1	4
0	1	1	0	1	0	1	1	0	1	1	0	1	1	5
0	1	1	0	1	1	0	0	0	1	1	1	1	1	6
0	1	1	0	1	1	1	1	1	1	0	0	0	0	7
0	1	1	1	0	0	0	1	1	1	1	1	1	1	8
0	1	1	1	0	0	1	1	1	1	0	0	1	1	9
0	1	1	1	0	1	0	0	0	0	0	0	0	0	消隐
0	1	1	1	0	1	1	0	0	0	0	0	0	0	消隐
0	1	1	1	1	0	0	0	0	0	0	0	0	0	消隐
0	1	1	1	1	0	1	0	0	0	0	0	0	0	消隐
0	1	1	1	1	1	0	0	0	0	0	0	0	0	消隐
0	1	1	1	1	1	1	0	0	0	0	0	0	0	消隐
1	1	1	×	×	×	×	锁存							锁存

　　本实验采用 CC4511 驱动的共阴极 LED 数码管,装置上已完成了译码器 CC4511 和数码管 BS202 之间的连接,实验时,只要接通 +5V 电源,并将十进制数的 BCD 码接至译码器的相应输入端 A、B、C、D,即可显示 0～9 的数字。四位数码管可接受四组 BCD 码输入。CC4511 与 LED 数码管的连接如图 13-8 所示。

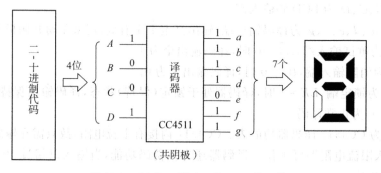

图 13-8　CC4511 驱动一位 LED 数码管

13.4　实验器材

（1）LH-D48 型数字电路实验箱。

（2）芯片：74LS139、74LS00 和 CC4511。

13.5　实验预习要求

（1）复习译码器的工作原理和设计方法。

（2）熟悉实验中所用到的译码器芯片的引脚排列和逻辑功能。

（3）画好实验逻辑状态图。

（4）熟悉组合逻辑电路的分析步骤和设计步骤。

13.6　实验报告要求

（1）整理实验线路图和实验数据、表格。

（2）总结用芯片进行各种扩展电路的方法。

（3）比较用门电路组成组合电路和应用专用芯片各有什么优缺点。

实验 14　触　发　器

14.1　实验目的

（1）掌握基本 RS、JK、T 和 D 触发器。

（2）掌握集成触发器的功能和使用方法。

（3）掌握触发器之间相互转换的方法。

14.2　实验原理和电路

触发器是具有记忆作用的基本单元，在时序电路中是必不可少的。触发器具有两个基本性质：①在一定条件下，触发器可以维持在两种稳定状态（0 或 1 状态）之一而保持不变；②在一定外加信号作用下，触发器可记忆二进制的 0 或 1，被用作二进制的存储单元。

触发器可以根据时钟脉冲输入分为两大类：①没有时钟脉冲输入端的触发器，称为基本触发器；②有时钟脉冲输入端的触发器，称为时钟触发器。基本触发器又分为由与非门组成的基本触发器和由或非门组成的基本触发器。触发器按功能分为以下几种：①基本 RS 触发器；②JK 触发器；③D 触发器；④T 触发器。

1. 基本 RS 触发器

图 14-1 为由两个与非门交叉耦合构成的基本 RS 触发器，它是无时钟控制低电平直接

触发的触发器。基本 RS 触发器具有置 0、置 1 和保持三种功能。通常称 $\overline{S}$ 为置 1 端,因为 $\overline{S}=0(\overline{R}=1)$ 时触发器被置 1;$\overline{R}$ 为置 0 端,因为 $\overline{R}=0(\overline{S}=1)$ 时触发器被置 0,当 $\overline{S}=\overline{R}=1$ 时,状态保持;当 $\overline{S}=\overline{R}=0$ 时,触发器状态不定,应避免此种情况发生,表 14-1 为基本 RS 触发器的功能表。

基本 RS 触发器也可以用两个或非门组成,此时为高电平触发有效。

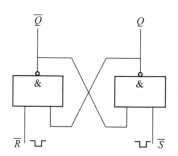

图 14-1　由与非门构成的基本 RS 触发器

表 14-1　基本 RS 触发器的功能表

输	入	输	出
$\overline{S}$	$\overline{R}$	Q^{n+1}	$\overline{Q^{n+1}}$
0	1	1	0
1	0	0	1
1	1	Q^n	$\overline{Q^n}$
0	0	ϕ	ϕ

注:ϕ 为不定态。

2. JK 触发器

在输入信号为双端的情况下,JK 触发器是功能完善、使用灵活和通用性较强的一种触发器。本实验采用 74LS112 双 JK 触发器,它是下降边沿触发的边沿触发器,其引脚排列及逻辑符号如图 14-2 所示。

JK 触发器的状态方程为

$$Q^{n+1}=J\overline{Q^n}+\overline{K}Q^n$$

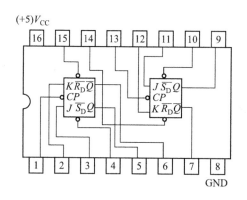
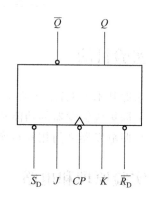

图 14-2　74LS112 双 JK 触发器引脚排列及逻辑符号

J 和 K 是数据输入端,是触发器状态更新的依据。若 J、K 有两个或两个以上输入端时,组成"与"的关系。Q 与 $\overline{Q}$ 为两个互补输出端。通常把 $Q=0$、$\overline{Q}=1$ 的状态定为触发器"0"状态;而把 $Q=1$,$\overline{Q}=0$ 定为"1"状态。JK 触发器 CP 可用单次脉冲发生器提供,CP 信号由实验箱操作板中的(单次或连续)脉冲提供,可分别用低电频($f=1\sim10\mathrm{Hz}$)、高电频 ($f=20\sim150\mathrm{Hz}$)两挡进行输入,同时用 LED 显示。

下降沿触发 JK 触发器的功能如表 14-2 所示。

JK 触发器常被用作缓冲存储器、移位寄存器和计数器。

表 14-2　JK 触发器功能表

输　入					输　出	
$\overline{S_D}$	$\overline{R_D}$	CP	J	K	Q^{n+1}	$\overline{Q^{n+1}}$
0	1	×	×	×	1	0
1	0	×	×	×	0	1
0	0	×	×	×	ϕ	ϕ
1	1	↓	0	0	Q^n	$\overline{Q^n}$
1	1	↓	1	0	1	0
1	1	↓	0	1	0	1
1	1	↓	1	1	$\overline{Q^n}$	Q^n
1	1	↑	×	×	Q^n	$\overline{Q^n}$

注：×为任意态；↓为高到低电平跳变；↑为低到高电平跳变；$Q^n(\overline{Q^n})$为现态；$Q^{n+1}(\overline{Q^{n+1}})$为次态；$\phi$为不定态。

3. D 触发器

在输入信号为单端的情况下，D 触发器用起来最为方便，其状态方程为 $Q^{n+1}=D$，其输出状态的更新发生在 CP 脉冲的上升沿，故又称为上升沿触发的边沿触发器，触发器的状态只取决于时钟到来前 D 端的状态。D 触发器的应用很广，可用作数字信号的寄存、移位寄存、分频和波形发生等。有很多种型号可供各种用途的需要而选用，如双 D74LS74、四 D74LS175、六 D74LS174 等。如图 14-3 所示为双 D74LS74 的引脚排列及逻辑符号。

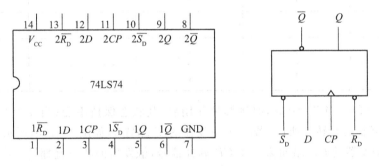

图 14-3　双 D74LS74 引脚排列及逻辑符号

双 D 触发器功能如表 14-3 所示。

表 14-3　双 D 触发器的功能表

输　入				输　出	
$\overline{S_D}$	$\overline{R_D}$	CP	D	Q^{n+1}	$\overline{Q^{n+1}}$
0	1	×	×	1	0
1	0	×	×	0	1
0	0	×	×	ϕ	ϕ
1	1	↑	1	1	0
1	1	↑	0	0	1
1	1	↓	×	Q^n	$\overline{Q^n}$

4. 触发器之间的相互转换

在集成触发器的产品中,每一种触发器都有其固定的逻辑功能。但可以利用转换的方法获得具有其他功能的触发器。例如,将 JK 触发器的 J、K 两端连在一起,并把它作为 T 端,就得到所需的 T 触发器。如图 14-4(a)所示,其状态方程为 $Q^{n+1} = T\overline{Q^n} + \overline{T}Q^n$。

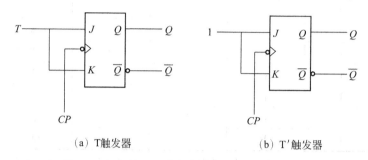

(a) T触发器　　　　　　　(b) T′触发器

图 14-4　JK 触发器转换为 T 触发器和 T′触发器

T 触发器的功能见表 14-4。

表 14-4　T 触发器的功能表

输　入				输　出
$\overline{S_D}$	$\overline{R_D}$	CP	T	Q^{n+1}
0	1	$\times$	$\times$	1
1	0	$\times$	$\times$	0
1	1	$\downarrow$	0	Q^n
1	1	$\downarrow$	1	$\overline{Q^n}$

由表 14-4 可见,当 $T=0$ 时,时钟脉冲作用后,其状态保持不变;当 $T=1$ 时,时钟脉冲作用后,触发器状态翻转。所以,若将 T 触发器的 T 端置 1,如图 14-4(b)所示,即得到 T′触发器。在 T′触发器的 CP 端每来一个 CP 脉冲信号,触发器的状态就翻转一次,故也称为反转触发器,它被广泛用于计数电路中。

同样,若将 D 触发器 $\overline{Q}$ 端与 D 端相连,便转换成 T′触发器,如图 14-5 所示。JK 触发器也可转换为 D 触发器,如图 14-6 所示。

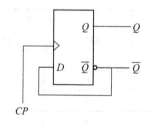

图 14-5　D 触发器转化为 T′触发器

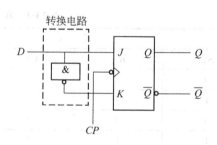

图 14-6　JK 触发器转化为 D 触发器

14.3　实验内容和步骤

1. 基本 RS 触发器的逻辑功能测试

按图 14-1 所示用与非门构成基本 RS 触发器,输入端 $\overline{S}$、$\overline{R}$ 接逻辑开关,输出端 Q、$\overline{Q}$ 接电平指示器(发光二极管),观察并记录输出端 Q 的状态变化,按表 14-5 所示的要求测试,记录实验结果。

表 14-5　基本 RS 触发器逻辑功能测试

$\overline{R}$	$\overline{S}$	Q	$\overline{Q}$
1	1→0		
	0→1		
1→0	1		
0→1			
0	0		

2. 测试双 JK 触发器 74LS112 逻辑功能

(1) 测试 JK 触发器的复位 $\overline{R_D}$、置位 $\overline{S_D}$ 功能。

任取 74LS112 芯片中一组 JK 触发器,$\overline{R_D}$、$\overline{S_D}$、J、K 端接逻辑开关,CP 端接单次脉冲源,Q、$\overline{Q}$ 端接电平指示器,参照表 14-6 所示要求改变 $\overline{R_D}$、$\overline{S_D}$、(J、K、CP 处于任意状态),并在 $\overline{R_D}=0(\overline{S_D}=1)$ 或 $\overline{S_D}=1(\overline{R_D}=0)$ 作用期间任意改变 J、K 及 CP 的状态,观察 Q、$\overline{Q}$ 状态,记录实验结果。

表 14-6　测试 JK 触发器的复位、置位功能

CP	J	K	$\overline{R_D}$	$\overline{S_D}$	Q^{n+1}
×	×	×	0	1	
×	×	×	1	0	

(2) 测试 JK 触发器的逻辑功能。

测试 JK 触发器的逻辑功能,按照表 14-7 所示的要求改变 J、K、CP 端状态,观察 Q、$\overline{Q}$ 状态变化,观察触发器状态更新是否发生在 CP 脉冲的下降沿(即 CP 由 1→0),并记录实验结果。

(3) 将 JK 触发器的 J、K 端连在一起,构成 T 触发器。在 CP 端输入 1Hz 连续脉冲,观察 Q 端的变化。在 CP 端输入 1kHz 连续脉冲,用双踪示波器观察 CP、Q 端波形,注意相位关系。

表 14-7　JK 触发器逻辑功能测试

J	K	CP	Q^{n+1}	
			$Q^n=0$	$Q^n=1$
0	0	0→1		
		1→0		

续表

J	K	CP	Q^{n+1}	
			$Q^n=0$	$Q^n=1$
0	1	$0 \rightarrow 1$		
		$1 \rightarrow 0$		
1	0	$0 \rightarrow 1$		
		$1 \rightarrow 0$		
1	1	$0 \rightarrow 1$		
		$1 \rightarrow 0$		

3. 测试双 D 触发器 74LS74 的逻辑功能

按表 14-8 所示要求进行测试,并观察触发器状态更新是否发生在 CP 脉冲的上升沿(即由 $0 \rightarrow 1$),记录并分析实验结果,判断是否与 D 触发器的工作原理一致。

表 14-8 双 D 触发器逻辑功能测试

D	CP	Q^{n+1}	
		$Q^n=0$	$Q^n=1$
0	$0 \rightarrow 1$		
	$1 \rightarrow 0$		
1	$0 \rightarrow 1$		
	$1 \rightarrow 0$		

4. 触发器功能转换

(1) 将 D 触发器和 JK 触发器转换成 T 触发器,列出表达式,画出实验电路图。

(2) 自拟实验数据表并填写。

5. JK 触发器设计及其测试(选做)

用 74LS00、74LS04、74LS20 等芯片设计 JK 触发器,画出逻辑图,并进行下列测试,记录结果。

(1) 测试 R_D、S_D 的复位、置位功能。R_D、S_D、J、K 端接逻辑开关,CP 端接单次脉冲源,Q、$\overline{Q}$ 端接发光二极管。按照表 14-9 所示要求,测试并记录 R_D、S_D 对输出状态的控制作用。

表 14-9 测试记录 R_D、S_D 输出状态

J	K	CP	$\overline{S_D}$	$\overline{R_D}$	Q	$\overline{Q}$

(2) 测试 JK 触发器的逻辑功能。按表 14-10 所示的要求改变 J、K 的状态,并用 R_D、S_D 端对触发器进行异步置位和复位。然后输入单脉冲的下降沿和上升沿,观察并记录 Q 和 $\overline{Q}$ 的状态变化,观察触发器状态更新是否发生在 CP 脉冲的下降沿(即 CP 由 $1 \rightarrow 0$)。

表 14-10　测试触发器逻辑功能表

J	K	CP	Q^n	Q^{n+1}
0	0	↑	0	
			1	
		↓	0	
			1	
0	1	↑	0	
			1	
		↓	0	
			1	
1	0	↑	0	
			1	
		↓	0	
			1	
1	1	↑	0	
			1	
		↓	0	
			1	

14.4　实验器材

（1）LH-D48 型数字电路实验箱。

（2）OW18B 型数字万用表。

（3）芯片：75LS00、74LS74、74LS112。

（4）XDS3102 型双通道多功能示波器。

14.5　实验预习要求

（1）复习有关触发器内容。

（2）列出各触发器功能测试表格。

14.6　实验报告要求

（1）列表整理各类触发器的逻辑功能。

（2）总结观察到的波形，说明触发器的触发方式。

（3）体会触发器的应用。

14.7   思考题

（1）基本 RS 触发器为什么不允许出现两个输入同时为零的情况。
（2）说明 74LS74、D 触发器与由 74LS112、JK 触发器组成的 D 触发器有何区别。
（3）总结各种触发器的特点。

实验 15　计　数　器

15.1   实验目的

（1）熟悉由集成触发器构成的计数器电路及其工作原理。
（2）掌握计数器的分析过程和设计步骤。

15.2   实验原理和电路

在数字系统中，计数器的用途十分广泛。计数器可以统计输入脉冲的个数，是用于实现计时、计数的系统，还可以用于分频、定时、产生节拍脉冲和序列脉冲。

计数器的种类非常繁多，根据计数器与触发器时钟端的连接方式分为同步计数器和异步计数器；根据计数方式分为二进制计数器、十进制计数器和任意进制计数器；根据计数器中的状态变化规律分为加法计数器、减法计数器和加/减计数器。

1. 异步二进制加法计数器

异步二进制加法计数器比较简单。如图 15-1 所示是由 4 个 JK 触发器（也可以用 74LS112 双 JK 触发器）构成的四位二进制异步加法计数器，图 15-2 和图 15-3 分别是其对应的状态图和波形图。

对于所得状态表和波形图可以这样理解：触发器 FF_0 在每个计数脉冲（CP）的下降沿（1→0）翻转，触发器 FF_1 的 CP 端接 FF_0 的 Q_0 端，因而当 FF_0（Q_0）由 1→0 时，FF_1 翻转。类似的，当 FF_1（Q_1）由 1→0 时，FF_2 翻转。FF_2 由 1→0 时，FF_3 翻转。

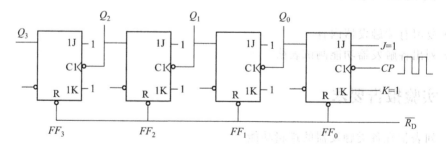

图 15-1　异步二进制加法计数器的原理图

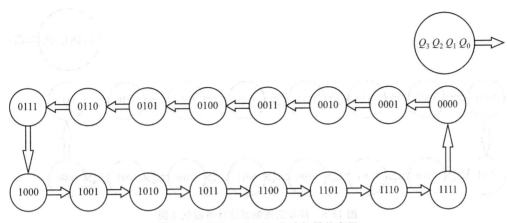

图 15-2　异步二进制加法计数器状态图

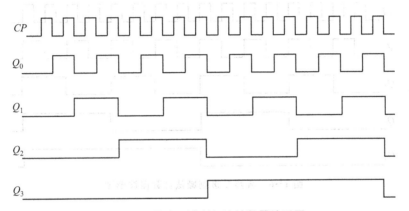

图 15-3　异步二进制加法计数器波形图

从波形图可以看出，Q_0 的周期是 CP 周期的两倍；Q_1 是 Q_0 的两倍，CP 的四倍……所以 Q_0、Q_1……分别实现了 2、4、8、16 分频，这就是计数器的分频作用。

2. 异步二进制减法计数器

异步二进制减法计数器原理同加法计数器，只要将图 15-1 所示计数器逻辑电路中的高位触发器 Q 端接高位触发器 CP 端更换为低位触发器 $\overline{Q}$ 端接高位触发器 CP 端即可。图 15-4～图 15-6 分别为异步二进制减法计数器的原理图、状态表和波形图。

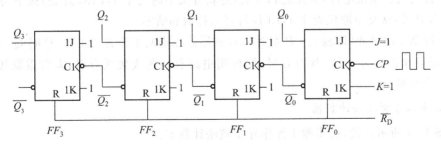

图 15-4　异步二进制减法计数器的原理图

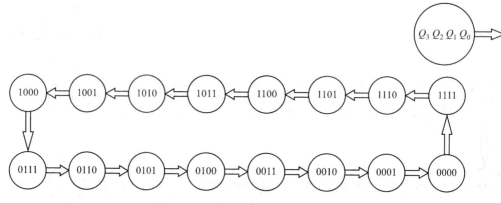

图 15-5　异步二进制减法计数器状态图

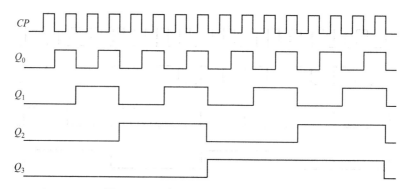

图 15-6　异步二进制减法计数器波形图

15.3　实验内容和步骤

1. 异步二进制加法计数器

（1）自行插入两片 74LS112 双 JK 触发器，按图 15-1 所示接线，74LS112 引脚排列见附录 B。

（2）CP 端接单次脉冲（或连续脉冲），R 端接实验箱上的逻辑开关。

（3）接通实验系统电源，先按逻辑开关（逻辑开关平时处于 1，LED 灯亮；按下为 0，LED 灯灭；松开开关，恢复至原位处于 1，LED 灯亮），计数和清零。

（4）按动单次脉冲（即输入 CP 脉冲），计数器按二进制工作方式工作，这时 Q_3、Q_2、Q_1、Q_0 的状态应和表 15-1 一致，如有差异，则说明电路有问题或接线有误，需要重新排除错误后再进行实验验证。

2. 异步二进制减法计数器

按图 15-4 所示接线，按步骤 1 操作异步减法计数器。

3. 用 D 触发器构成异步二进制加、减法计数器（选做）

图 15-7 是用 74LS74 双 D 触发器构成的四位二进制异步加法计数器，它的连接特点是

将每只 D 触发器接成 T' 触发器,再由低位触发器的 $\overline{Q}$ 端和高一位的 CP 端相连接。

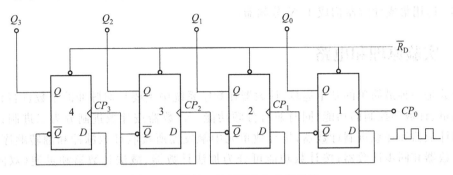

图 15-7　四位二进制异步加法计数器

若将图 15-7 稍加改动,即将低位触发器的 Q 端与高一位的 CP 端相连接,即构成了一个四位二进制减法计数器。记录表格自己设计,验证其实验结果。

15.4　实验器材

(1) LH-D48 型数字电路实验箱。

(2) OW18B 型数字万用表。

(3) 芯片:75LS112、74LS161。

15.5　实验预习要求

(1) 复习计数器电路的工作原理和电路组成结构。

(2) 熟悉中规模集成计数器电路 74LS161、74LS112 的逻辑功能以及外引脚排列和使用方法。

15.6　实验报告要求

(1) 整理实验电路,画出时序状态图和波形图。

(2) 总结 74LS112 二进制计数器的功能和特点。

(3) 总结 74LS74 二进制计数器的功能和特点。

实验 16　计数器及其应用

16.1　实验目的

(1) 熟悉常用中规模计数器的逻辑功能。

（2）掌握二进制计数器和十进制计数器的工作原理和使用方法。

（3）运用集成计数器构成 $1/N$ 分频器。

16.2　实验原理和电路

计数是一种最简单的基本运算，计数器在数字系统中主要是对脉冲的个数进行计数，以实现测量、计数和控制的功能，同时兼有分频功能。计数器按计数进制分为二进制计数器、十进制计数器和任意进制计数器；按计数单元中触发器所接收计数脉冲和翻转顺序可分为异步计数器和同步计数器；按计数功能可分为加法计数器、减法计数器和可逆（双向）计数器等。

目前，TTL 和 CMOS 电路中计数器的种类很多，大多数都具有清零和预置功能，使用者根据器件手册就能正确地运用这些器件。实验中用到的是异步清零二-五-十进制异步计数器 74LS90。

74LS90 是一块二-五-十进制异步计数器，外形为双列直插，引脚排列如图 16-1 所示，图中的 NC 表示此引脚为空脚，不接线，它由四个主从 JK 触发器和一些附加门电路组成，其中，一个触发器构成一位二进制计数器；另外三个触发器构成异步五进制计数器。在 74LS90 计数器电路中，设有两个专用异步清 0 端 $R_{0(1)}$、$R_{0(2)}$ 和两个置 9 端 $R_{9(1)}$、$R_{9(2)}$，两个时钟输入端 CP_1、CP_2，四个计数输出端 $Q_0 \sim Q_3$，74LS90 的功能表见表 16-1。由此可知，当 $R_{0(1)} = R_{0(2)} = R_{9(1)} = R_{9(2)} = 0$ 时，时钟从 CP_1 引入，Q_0 输出为二进制；时钟从 CP_2 引入，Q_3 输出为五进制；时钟从 CP_1 引入，而 Q_0 接 CP_2，即二进制的输出与五进制的输入相连，则 $Q_3 Q_2 Q_1 Q_0$ 输出为十进制（8421BCD 码）；时钟从 CP_2 引入，而 Q_3 接 CP_1，即五进制的输出与二进制的输入相连，则 $Q_3 Q_2 Q_1 Q_0$ 输出为十进制（5421BCD 码）。

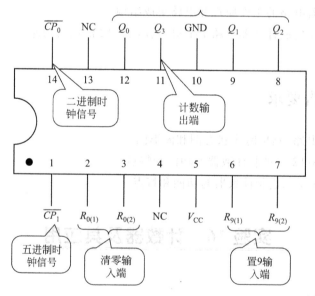

图 16-1　二-五-十进制异步计数器（74LS90）引脚排列

表 16-1 74LS90 功能表

输 入						输 出				功 能
清 0		置 9		时钟		Q_3	Q_2	Q_1	Q_0	
$R_{0(1)}$、$R_{0(2)}$		$R_{9(1)}$、$R_{9(2)}$		CP_1	CP_2					
1	1	0	×	×	×	0	0	0	0	清 0
×	×	×	0	×	×					
0	×	1	1	×	×	1	0	0	1	置 9
×	0	1	1	×	×					
0	×	0	×	↓	1	Q_0 输出				二进制计数
×	0	×	0	1	↓	$Q_3Q_2Q_1$ 输出				五进制计数
				↓	Q_A	$Q_3Q_2Q_1Q_0$ 输出 8421BCD 码				十进制计数
				Q_D	↓	$Q_3Q_2Q_1Q_0$ 输出 5421BCD 码				十进制计数
				1	1	不 变				保 持

16.3 实验内容和步骤

（1）用 74LS90 实现十进制。

（2）用 74LS90 实现六进制。

（3）用 74LS90 实现 0→2→4→6→8→1→3→5→7→9 循环显示。

用 74LS90 实现十进制，电路如图 16-2 所示（脉冲为 1Hz，数码管 COME 接地）。

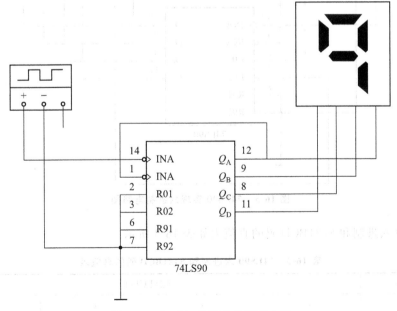

图 16-2 74LS90 实现十进制的电路

74LS90 十进制和 8421BCD 码的真值表如表 16-2 所示。

表 16-2　74LS90 十进制和 8421BCD 码的真值表

十进制	8421BCD 码			
0	0	0	0	0
1	0	0	0	1
2	0	0	1	0
3	0	0	1	1
4	0	1	0	0
5	0	1	0	1
6	0	1	1	0
7	0	1	1	1
8	1	0	0	0
9	1	0	0	1

用 74LS90 实现六进制，采用异步置 0 法，电路如图 16-3 所示(脉冲为 1Hz，数码管 COM 端接地)。

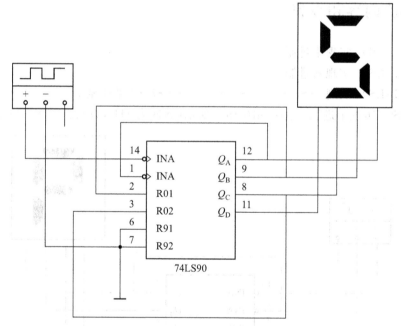

图 16-3　74LS90 实现六进制电路图

74LS90 六进制和 8421BCD 码的真值表如表 16-3 所示。

表 16-3　74LS90 六进制和 8421BCD 码的真值表

六进制	8421BCD 码			
0	0	0	0	0
1	0	0	0	1
2	0	0	1	0

续表

六进制	8421BCD 码			
3	0	0	1	1
4	0	1	0	0
5	0	1	0	1

用 74LS90 实现 0→2→4→6→8→1→3→5→7→9 循环显示,设计步骤如下(脉冲为 1Hz,数码管 COME 接地)。

(1) 列真值表,得如表 16-4 所示逻辑关系。

表 16-4　74LS90 十进制、8421BCD 码和 5421BCD 码的真值表

十进制	8421BCD 码				5421BCD 码			
0	0	0	0	0	0	0	0	0
2	0	0	1	0	0	0	0	1
4	0	1	0	0	0	0	1	0
6	0	1	1	0	0	0	1	1
8	1	0	0	0	0	1	0	0
1	0	0	0	1	1	0	0	0
3	0	0	1	1	1	0	0	1
5	0	1	0	1	1	0	1	0
7	0	1	1	1	1	0	1	1
9	1	0	0	1	1	1	0	0

(2) 74LS90 实现 0→2→4→6→8→1→3→5→7→9 的电路如图 16-4 所示。

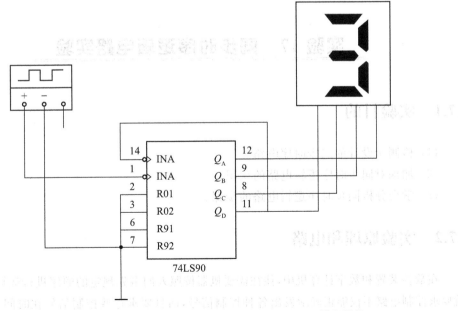

图 16-4　74LS90 实现 0→2→4→6→8→1→3→5→7→9 循环显示

16.4　实验器材

（1）LH-D48 型数字电路实验箱。

（2）OW18B 型数字万用表。

（3）芯片：75LS90D。

16.5　实验预习要求

（1）复习计数器电路的工作原理和电路组成结构。

（2）熟悉集成计数器电路 74LS90 的逻辑功能、外引脚排列和使用方法。

16.6　实验报告要求

（1）整理实验线路图。

（2）总结用芯片进行各种电路扩展的方法。

（3）比较专用芯片各有什么优缺点，总结集成电路逻辑功能和控制端的作用。

16.7　思考题

（1）在上述十进制计数实验的基础上，如何实现两个显示器上同时显示一奇一偶、双奇、双偶？

（2）如何实现 N 进制计数器？

实验 17　同步时序逻辑电路实验

17.1　实验目的

（1）检测所设计的同步时序电路。

（2）加深对同步时序逻辑电路的认识。

（3）学会分析同步时序逻辑电路的步骤。

17.2　实验原理和电路

在数控装置和数字计算机中，往往需要机器按照人们事先规定的顺序进行运算和操作，这就要求控制电路不仅能正确地发出各种控制信号，而且要求这些控制信号在时间上有一定的先后顺序，能完成这样功能的逻辑电路称为顺序脉冲逻辑电路（或者称为时序逻辑电路）。

　　时序逻辑电路的特点是，电路任一时刻的输出状态不仅取决于当时的输入信号，还取决于电路原来的状态，或者说与电路以前的状态有关。时序逻辑电路的结构如图 17-1 所示，它由组合逻辑电路和存储电路组成。

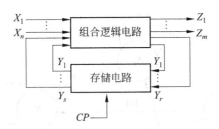

图 17-1　逻辑电路结构图

　　图中，$X_1, \cdots, X_n$ 为输入信号；$Z_1, \cdots, Z_m$ 为输出信号；$Y_1, \cdots, Y_s$ 为时序逻辑电路的状态；$Y_1, \cdots, Y_r$ 为时序逻辑电路中的激励信号，它决定电路下一时刻的状态；CP 为时钟脉冲信号，它是否存在取决于时序逻辑电路的类型。

17.3　实验内容和步骤

　　用同步时序逻辑电路的设计方法和所提供的组件设计一个 1001 序列检测器，其框图如图 17-2 所示。

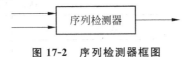

图 17-2　序列检测器框图

对检测器的要求如下。

在输入端 X 上串行输入二进制字符串，每当输入序列中出现 1001 时，在输出端 Z 产生一个高电平，即 $Z = 1$；其他情况 $Z = 0$。典型的输入、输出序列为：$X = 10100100110$，$Z = 00000100100$。

设计步骤如图 17-3 所示。

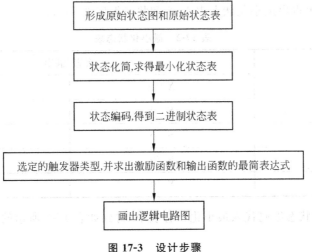

图 17-3　设计步骤

建立原始状态图。设初始状态为 S_0，S_1 为接收到 1 时的状态，S_2 为接收到 10 序列时的状态，S_3 为接收到 100 序列时的状态，S_4 为接收到 1001 序列时的状态，由此得到原始状态如图 17-4 所示。

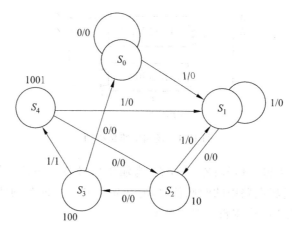

图 17-4　原始状态图

根据状态图作状态表，如表 17-1 所示。

表 17-1　原始状态表

现态	次态/输出	
	$X=0$	$X=1$
S_0	$S_0/0$	$S_1/0$
S_1	$S_2/0$	$S_1/0$
S_2	$S_3/0$	$S_1/0$
S_3	$S_0/0$	$S_4/1$
S_4	$S_2/0$	$S_1/0$

状态简化后，可得出最小化状态表 17-2 和状态编码图 17-5。

表 17-2　最小化状态表

现态	次态/输出	
	$X=0$	$X=1$
S_0	$S_0/0$	$S_1/0$
S_1	$S_2/0$	$S_1/0$
S_2	$S_3/0$	$S_1/0$
S_3	$S_0/0$	$S_1/1$

将以上分配的状态编码代入最小化状态表中，得到如表 17-3 所示的二进制状态表。

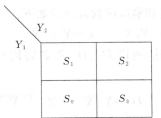

状态	Y_2	Y_1
S_1	0	0
S_2	1	0
S_3	1	1
S_0	0	1

图 17-5　状态编码

表 17-3　二进制状态表

现　态		$Y_2^{(n+1)}Y_1^{(n+1)}/Z$	
Y_2	Y_1	$X=0$	$X=1$
1	0	01/0	00/0
0	0	10/0	00/0
0	1	11/0	00/0
1	1	01/0	00/1

选定触发器求出激励函数和输出函数表达式。因为实验所提供的集成电路组件为双 D 触发器,所以由双 D 触发器的激励表和表 17-3 二进制状态表,做出如表 17-4 所示的状态转移真值表。

表 17-4　状态转移真值表

输　入			次　态		激励函数		输　出
X	Y_2	Y_1	$Y_2^{(n+1)}$	$Y_1^{(n+1)}$	D_2	D_1	Z
0	0	0	1	0	1	0	0
0	0	1	0	1	0	1	0
0	1	0	1	1	1	1	0
0	1	1	0	1	0	1	0
1	0	0	0	0	0	0	0
1	0	1	0	0	0	0	0
1	1	0	0	0	0	0	0
1	1	1	0	0	0	0	1

做出输出函数的卡诺图,如图 17-6 所示。

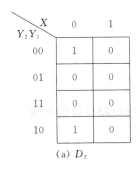

(a) D_2

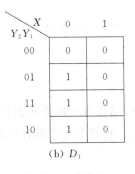

(b) D_1

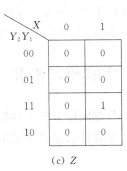

(c) Z

图 17-6　卡诺图

经卡诺图化简,得到最简的激励函数表达式和输出函数表达式如下:

$$D_2 = \overline{Y_1 \overline{X}} \qquad D_1 = Y_2\overline{X} + Y_1\overline{X} \qquad Z = Y_2 Y_1 X$$

由于实验所提供的集成电路为"与非"门组建,所以 D_1、D_2 和 Z 需用与非门来实现,所以有

$$D_1 = Y_2\overline{X} + Y_1\,\overline{X} = \overline{\overline{Y_2\overline{X}} \cdot \overline{Y_1\overline{X}}} \qquad D_2 = \overline{Y_1\overline{X}} \qquad Z = \overline{\overline{Y_2 Y_1\overline{X}}}$$

画出逻辑电路,如图 17-7 所示。

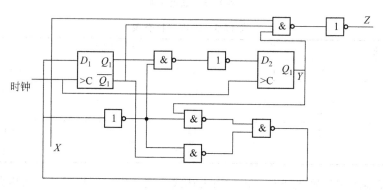

图 17-7　逻辑电路图

（1）按照上面的逻辑电路图布线,注意将电路的输入端 X 接至实验台数据开关;电路的输出端接至实验台显示灯;触发器的时钟脉冲端接至实验台的消抖开关 S_1,以产生单脉冲。

（2）拨动数据开关,注意,每拨动一次数据开关应按一下 S_1,以这样的方法将二进制序列送至序列检测器。在输入的同时应注意观察显示灯的状态,并将观察结果记录在表 17-5 中,以便检查是否满足功能。

表 17-5　数据记录表

输入 X	1	0	1	0	0	1	0	0	1	1	0	1
输出 Z												

17.4　实验器材

（1）LH-D48 型数字电路实验箱。

（2）OW18B 型数字万用表。

（3）芯片:75LS74、74LS10、74LS00、74LS04。

17.5　实验预习要求

（1）仔细阅读分析实验指导书,结合有关理论知识总结时序电路设计的步骤。

（2）掌握什么是时序逻辑电路? 它和组合逻辑有什么关系。

17.6　实验报告要求

（1）写出详细的实验过程。

（2）分析实验结果与理论。

17.7　思考题

什么是同步时序逻辑电路？它和组合逻辑有何区别？

实验 18　555 定时器及其应用

18.1　实验目的

（1）熟悉 555 型集成时基电路的结构、工作原理及其特点。

（2）掌握 555 型集成时基电路的基本应用。

18.2　实验原理和电路

集成时基电路又称为集成定时器或 555 电路，它是一种数字、模拟混合型的中规模集成电路，应用十分广泛。同时，它是一种产生时间延迟和多种脉冲信号的电路，由于内部电压标准使用了三个 $5k\Omega$ 电阻，故取名 555 电路。其电路类型有双极型和 CMOS 型两大类，二者的结构与工作原理类似。几乎所有的双极型产品型号最后三位数码都是 555 或 556；所有的 CMOS 产品型号最后四位数码都是 7555 或 7556，二者的逻辑功能和引脚排列完全相同，易于互换。555 和 7555 是单定时器，556 和 7556 是双定时器。双极型的电源电压 $V_{cc}=+5V\sim+15V$，输出的最大电流可达 200mA，CMOS 型的电源电压为 $+3\sim+18V$。

1. 555 电路的工作原理

555 电路的内部电路框图及引脚排列如图 18-1 所示。它含有两个电压比较器，一个基本 RS 触发器，一个放电开关管 T，比较器的参考电压由三只 $5k\Omega$ 的电阻器构成的分压器提供。它们分别使高电平比较器 A_1 的同相输入端和低电平比较器 A_2 的反相输入端的参考电平为 $\frac{2}{3}V_{cc}$ 和 $\frac{1}{3}V_{cc}$。A_1 与 A_2 的输出端控制 RS 触发器状态和放电管开关状态。当输入信号来自引脚 6，即高电平触发输入并超过参考电平 $\frac{2}{3}V_{cc}$ 时，触发器复位，555 的输出端引脚 3 输出低电平，同时放电开关管导通；当输入信号来自引脚 2 输入并低于 $\frac{1}{3}V_{cc}$ 时，触发器置位，555 的引脚 3 输出高电平，同时放电开关管截止。

$\overline{R_D}$为复位端(引脚 4),当$\overline{R_D}=0$,555 输出低电平。平时$\overline{R_D}$端开路或接 V_{CC}。

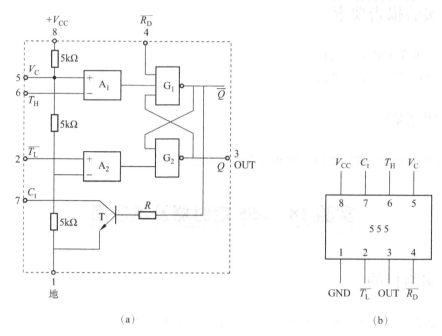

(a)　　　　　　　　　　　(b)

图 18-1　555 定时器内部框图及引脚排列

V_C 是控制电压端(引脚 5),平时输出$\frac{2}{3}V_{CC}$作为比较器 A_1 的参考电平,当引脚 5 外接一个输入电压,即改变了比较器的参考电平,从而实现对输出的另一种控制,在不接外加电压时,通常接一个 $0.01\mu F$ 的电容器到地,起滤波作用,以消除外来的干扰,以确保参考电平的稳定。

T 为放电管,当 T 导通时,将给接于引脚 7 的电容器提供低阻放电通路。

555 定时器主要是与电阻、电容构成充/放电电路,并由两个比较器来检测电容器上的电压,以确定输出电平的高低和放电开关管的通断。这就很方便地构成从微秒到数十分钟的延时电路,可方便地构成单稳态触发器、多谐振荡器、施密特触发器等脉冲产生或波形变换电路。

2. 555 定时器的典型应用

1) 构成单稳态触发器

图 18-2(a)为由 555 定时器和外接定时元器件 R、C 构成的单稳态触发器。触发电路由 C_1、R_1、D 构成,其中 D 为钳位二极管,稳态时 555 电路输入端处于电源电平,内部放电开关管 T 导通,输出端 F 输出低电平,当有一个外部负脉冲触发信号经 C_1 加到 2 端,并使 2 端电位瞬时低于$\frac{1}{3}V_{CC}$,低电平比较器动作,单稳态电路即开始一个暂态过程,电容 C 开始充电,V_C 按指数规律增长。当 V_C 充电到$\frac{2}{3}V_{CC}$时,高电平比较器动作,比较器 A_1 翻转,输出 V_0 从高电平返回低电平,放电开关管 T 重新导通,电容 C 上的电荷很快经放电开关管放电,暂态结束,恢复稳态,为下个触发脉冲的来到做好准备。波形图如图 18-2(b)所示。

暂稳态的持续时间 t_w(即为延时时间)取决于外接元器件 R、C 值的大小。

$$t_w = 1.1RC$$

通过改变 R、C 的大小,可使延时时间在几微秒到几十分钟之间变化。当这种单稳态电路作为计时器时,可直接驱动小型继电器,并可以使用复位端(引脚 4)接地的方法来中止暂态,重新计时。此外,尚须用一个续流二极管与继电器线圈并接,以防继电器线圈反电势损坏内部功率管。

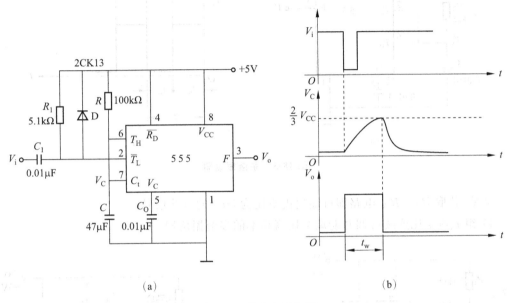

(a)　　　　　　　　　　　　　　　　(b)

图 18-2　单稳态触发器

2) 构成多谐振荡器

如图 18-3(a)所示,由 555 定时器和外接元器件 R_1、R_2、C 构成多谐振荡器,引脚 2 与引脚 6 直接相连。电路没有稳态,仅存在两个暂稳态,电路也不需要外加触发信号,利用电源通过 R_1、R_2 向 C 充电,以及 C 通过 R_2 向放电端 C_t 放电,使电路产生振荡。电容 C 在 $\frac{1}{3}V_{cc}$ 和 $\frac{2}{3}V_{cc}$ 之间充电和放电,其波形如图 18-3(b)所示。输出信号的时间参数是

$$T = t_{w1} + t_{w2}, \quad t_{w1} = 0.7(R_1 + R_2)C, \quad t_{w2} = 0.7R_2C$$

555 电路要求 R_1 与 R_2 均应大于或等于 $1k\Omega$,但 $R_1 + R_2$ 应小于或等于 $3.3M\Omega$。

外部元器件的稳定性决定了多谐振荡器的稳定性,555 定时器配以少量的元器件即可获得较高精度的振荡频率和具有较强的功率输出能力。因此,这种形式的多谐振荡器应用很广。

3) 组成占空比可调的多谐振荡器

电路如图 18-4 所示,它比图 18-3 所示电路增加了一个电位器和两个导引二极管。D_1、D_2 用来决定电容充、放电电流流经电阻的途径(充电时 D_1 导通,D_2 截止;放电时 D_2 导通,D_1 截止)。

占空比为

$$q = \frac{t_{w1}}{t_{w1} + t_{w2}} \approx \frac{0.7R_AC}{0.7C(R_A + R_B)} = \frac{R_A}{R_A + R_B}$$

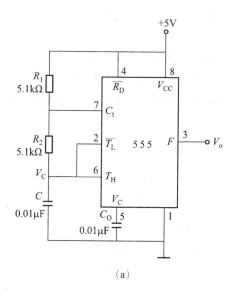

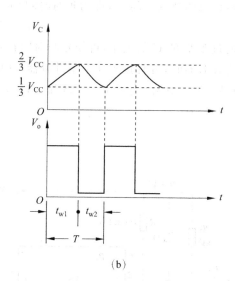

(a)　　　　　　　　　　　(b)

图 18-3　多谐振荡器

可见,若取 $R_A = R_B$,电路即可输出占空比为 50% 的方波信号。

4) 组成占空比连续可调并能调节振荡频率的多谐振荡器

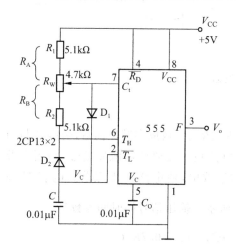

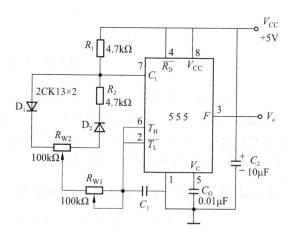

图 18-4　占空比可调的多谐振荡器　　　**图 18-5　占空比与频率均可调的多谐振荡器**

电路如图 18-5 所示。对 C_1 充电时,充电电流通过 R_1、D_1、R_{W2} 和 R_{W1};放电时通过 R_{W1}、R_{W2}、D_2、R_2。当 $R_1 = R_2$,R_{W2} 调至中心点,因充/放电时间基本相等,其占空比约为 50%,此时调节 R_{W1} 仅改变频率,占空比不变。如 R_{W2} 调至偏离中心点,再调节 R_{W1},不仅振荡频率改变,而且对占空比也有影响。R_{W1} 不变,调节 R_{W2},仅改变占空比,对频率无影响。因此,当接通电源后,应首先调节 R_{W1} 使频率至规定值,再调节 R_{W2},以获得需要的占空比。若频率调节的范围比较大,还可以用波段开关改变 C_1 的值。

5) 组成施密特触发器

电路如图 18-6 所示,只要将引脚 2、6 连在一起作为信号输入端,即得到施密特触发器。

图 18-7 示出了 V_s、V_i 和 V_o 的波形图。

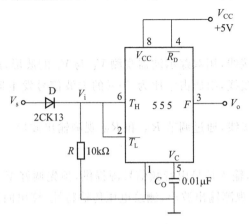

图 18-6　施密特触发器

设被整形变换的电压为正弦波 V_s，其正半波通过二极管 D 同时加到 555、定时器的引脚 2 和引脚 6，得 V_i 为半波整流波形。当 V_i 上升到 $\dfrac{2}{3} V_{CC}$ 时，V_o 从高电平翻转为低电平；当 V_i 下降到 $\dfrac{1}{3} V_{CC}$ 时，V_o 又从低电平翻转为高电平。电路的电压传输特性曲线如图 18-8 所示。

回差电压为

$$\Delta V = \frac{2}{3} V_{CC} - \frac{1}{3} V_{CC} = \frac{1}{3} V_{CC}$$

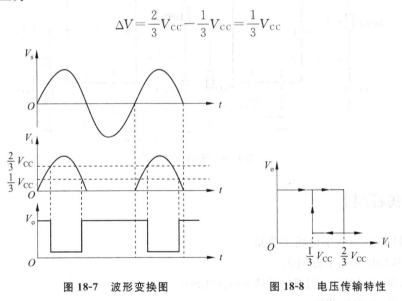

图 18-7　波形变换图　　　　**图 18-8　电压传输特性**

18.3　实验内容和步骤

1. 单稳态触发器

(1) 按图 18-2 所示连线，取 $R = 100 \text{k}\Omega$，$C = 47 \mu\text{F}$，输入信号 V_i 由单次脉冲源提供，用双踪示波器观测 V_i、V_C、V_o 波形。测定幅度与暂稳时间。

(2) 将 R 改为 $1\text{k}\Omega$,C 改为 $0.1\mu\text{F}$,输入端加 1kHz 的连续脉冲,观测波形 V_i、V_C、V_o,测定幅度及暂稳时间。

2. 多谐振荡器

(1) 按图 18-3 所示接线,用双踪示波器观测 V_C 与 V_o 的波形,测定频率。

(2) 按图 18-4 所示接线,组成占空比为 50% 的方波信号发生器。观测 V_C 和 V_o 波形,测定波形参数。

(3) 按图 18-5 所示接线,通过调节 R_{W1} 和 R_{W2} 观测输出波形。

3. 施密特触发器

按图 18-6 所示接线,输入信号由音频信号源提供,预先调好 V_s 的频率为 1kHz,接通电源,逐渐加大 V_s 的幅度,观测输出波形,测绘电压传输特性,算出回差电压 ΔU。

4. 模拟声响电路

按图 18-9 所示接线,组成两个多谐振荡器,调节定时元器件,使 I 输出较低频率,II 输出较高频率,连好线,接通电源,试听音响效果。调换外接阻容元器件,再试听音响效果。

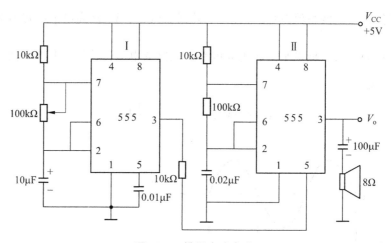

图 18-9 模拟声响电路

18.4 实验器材

(1) LH-D48 型数字电路实验箱。

(2) OW18B 型数字万用表。

(3) 芯片：75LS74、74LS10、74LS00、74LS04。

(4) 电阻、电容等若干。

(5) XDS3102 型双通道多功能示波器。

18.5 实验预习要求

复习 555 定时器的结构和工作原理。

18.6 实验报告要求

整理实验线路,画出各实验波形。

18.7 思考题

(1) t_w 理论计算值和实际测得值的误差为多少?

(2) 555 定时器引脚 5 所接的电容起什么作用?

(3) 多谐振荡器的振荡频率主要由哪些元器件决定?

实验 19 智力竞赛抢答器

19.1 实验目的

(1) 学习数字电路中 D 触发器、分频电路、多谐振荡器、时钟脉冲源等。

(2) 单元电路的综合运用。

(3) 熟悉智力竞赛抢赛器的工作原理。

(4) 了解简单数字系统实验、调试及故障排除方法。

19.2 实验原理和电路

图 19-1 为供四人用的智力竞赛抢答装置线路,用以判断抢答优先权。

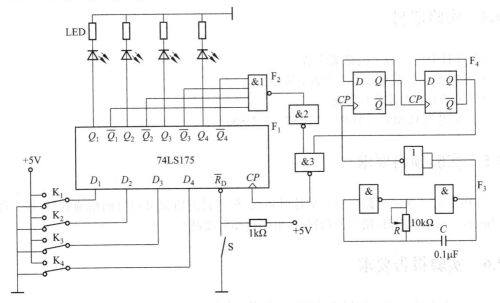

图 19-1 智力竞赛抢答装置原理图

图 19-1 中，F_1 为四 D 触发器 74LS175，它具有公共置 0 端和公共 CP 端，引脚排列见附录 B；F_2 为双 4 输入与非门 74LS20；F_3 是由 74LS00 组成的多谐振荡器；F_4 是由 74LS74 组成的四分频电路，F_3、F_4 组成抢答电路中的 CP 时钟脉冲源，抢答开始时，由主持人清除信号，按下复位开关 S，74LS175 的输出 $Q_1 \sim Q_4$ 全为 0，所有发光二极管 LED 均熄灭，当主持人宣布"抢答开始"后，首先做出判断的参赛者立即按下开关，对应的发光二极管点亮，同时，通过与非门 F_2 送出信号锁住其余三个抢答者的电路，不再接收其他信号，直到主持人再次清除信号为止。

19.3　实验内容和步骤

（1）测试各触发器及各逻辑门的逻辑功能。试测方法参照实验 11 及实验 14 有关内容，判断器件的好坏。

（2）按图 19-1 所示接线，抢答器五个开关接实验装置上的逻辑开关，发光二极管接逻辑电平显示器。

（3）断开抢答器电路中 CP 脉冲源电路，单独对多谐振荡器 F_3 及分频器 F_4 进行调试，调整多谐振荡器 10kΩ 电位器，使其输出脉冲频率。

（4）接 4kHz，观察 F_3 及 F_4 输出波形并测试其频率（参照实验 13 有关内容）。

（5）测试抢答器电路功能。

接通 +5V 电源，CP 端接实验装置上连续脉冲源，取重复频率约 1kHz。

（1）抢答开始前，开关 K_1、K_2、K_3、K_4 均置 0，准备抢答，将开关 S 置 0，发光二极管全熄灭，再将 S 置 1。抢答开始，K_1、K_2、K_3、K_4 某一开关置 1，观察发光二极管的亮、灭情况，然后再将其他三个开关中任一个置 1，观察发光二极管的亮、灭是否改变。

（2）重复步骤（1）的内容，改变 K_1、K_2、K_3、K_4 任一个开关状态，观察抢答器的工作情况。

（3）整体测试断开实验装置上的连续脉冲源，接入 F_3 及 F_4，再进行实验。

19.4　实验器材

（1）LH-D48 型数字电路实验箱。

（2）XDS3102 型双通道多功能示波器。

（3）OW18B 型数字万用表。

（4）芯片：74LS175、74LS20、74LS74、74LS00。

19.5　实验预习要求

若在图 19-1 所示电路中加一个计时功能，要求计时电路显示时间精确到秒，最多限制为 2min，一旦超出限时，则取消抢答权，电路该如何改进？

19.6　实验报告要求

（1）分析智力竞赛抢答装置各部分功能及工作原理。

（2）总结数字系统的设计和调试方法。

（3）分析实验中出现的故障及解决办法。

实验 20   电 子 秒 表

20.1   实验目的

（1）学习数字电路中基本 RS 触发器、单稳态触发器、时钟发生器及计数器、译码显示器等单元电路的综合应用。

（2）学习电子秒表的调试方法。

20.2   实验原理和电路

图 20-1 为电子秒表的电原理图。按功能可分成四个单元电路进行分析。

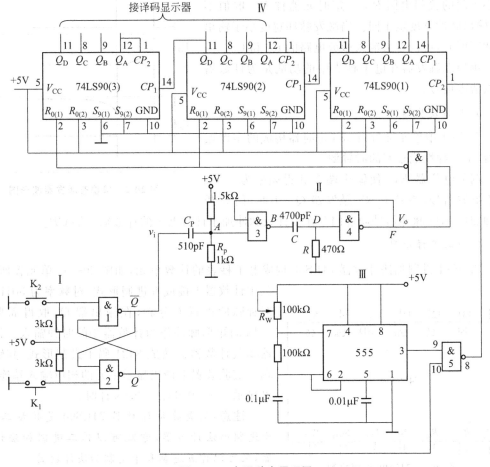

图 20-1   电子秒表原理图

1. 基本 RS 触发器

图 20-1 中单元 I 为用集成与非门构成的基本 RS 触发器,它属于低电平直接触发的触发器,有直接置位、复位的功能。

它的一路输出 $\overline{Q}$ 作为单稳态触发器的输入,另一路输出 Q 作为与非门 5 的输入控制信号。

按动按钮开关 K_2(接地),则与非门 1 输出 $\overline{Q}=1$;与非门 2 输出 $Q=0$,K_2 复位后 Q、$\overline{Q}$ 状态保持不变。再按动按钮开关 K_1,则 Q 由 0 变为 1,与非门 5 开启,为计数器启动做好准备。$\overline{Q}$ 由 1 变 0,送出负脉冲,启动单稳态触发器工作。

基本 RS 触发器在电子秒表中的功能是启动和停止秒表的工作。

2. 单稳态触发器

图 20-1 中单元 II 为用集成与非门构成的微分型单稳态触发器,图 20-2 为各点波形图。

单稳态触发器的输入触发负脉冲信号 V_i 由基本 RS 触发器 $\overline{Q}$ 端提供,输出负脉冲 V_o 通过非门加到计数器的清除端 R。

静态时,与非门 4 应处于截止状态,故电阻 R 必须小于门的关门电阻 R_{Off}。定时元器件 RC 取值不同,输出脉冲宽度也不同。当触发脉冲宽度小于输出脉冲宽度时,可以省去输入微分电路的 R_p 和 C_p。

单稳态触发器在电子秒表中的功能是为计数器提供清零信号。

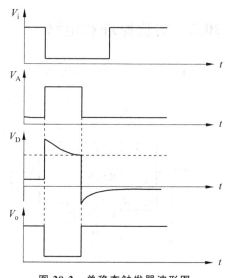

图 20-2　单稳态触发器波形图

3. 时钟发生器

图 20-1 中单元 III 为用 555 定时器构成的多谐振荡器,是一种性能较好的时钟源。

调节电位器 R_W,使输出端 3 获得频率为 50Hz 的矩形波信号,当基本 RS 触发器 $Q=1$ 时,门 5 开启,此时 50Hz 脉冲信号通过门 5 作为计数脉冲加于计数器①的计数输入端 CP_2。

4. 计数及译码显示

二-五-十进制加法计数器 74LS90 构成电子秒表的计数单元,如图 20-1 中单元 IV 所示。

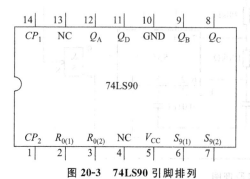

图 20-3　74LS90 引脚排列

其中计数器①接成五进制形式,对频率为 50Hz 的时钟脉冲进行五分频,在输出端 Q_D 取得周期为 0.1s 的矩形脉冲作为计数器②的时钟输入。计数器②及计数器③接成 8421 码十进制形式,其输出端与实验装置上译码显示单元的相应输入端连接,可显示 0.1～0.9s、1～9.9s 计时。

注意:集成异步计数器 74LS90 是异步二-五-十进制加法计数器,它既可以作二进制加法计数器,又可以作五进制和十进制加法计数器。

图 20-3 为 74LS90 引脚排列,表 20-1 为功能表。

表 20-1　功能表

输　入						输　出				功　能
清 0		置 9		时钟		Q_D	Q_C	Q_B	Q_A	
$R_{0(1)}$	$R_{0(2)}$	$S_{9(1)}$	$S_{9(2)}$	CP_1	CP_2					
1	1	0	×	×	×	0	0	0	0	清 0
		×	0							
0	×	1	1	×	×	1	0	0	1	置 9
×	0									
0	×	0	×	↓	1			Q_A 输出		二进制计数
×	0	×	0	1	↓		$Q_DQ_CQ_B$ 输出			五进制计数
				↓	Q_A	$Q_DQ_CQ_BQ_A$ 输出 8421BCD 码				十进制计数
				Q_D	↓	$Q_AQ_DQ_CQ_B$ 输出 5421BCD 码				十进制计数
				1	1	不　变				保　持

通过不同的连接方式,74LS90 可以实现四种不同的逻辑功能,而且还可借助 $R_{0(1)}$、$R_{0(2)}$ 对计数器清零,借助 $S_{9(1)}$、$S_{9(2)}$ 将计数器置 9。其具体功能详述如下。

(1) 计数脉冲从 CP_1 输入,Q_A 作为输出端,为二进制计数器。

(2) 计数脉冲从 CP_2 输入,$Q_DQ_CQ_B$ 作为输出端,为异步五进制加法计数器。

(3) 若将 CP_2 和 Q_A 相连,计数脉冲由 CP_1 输入,Q_D、Q_C、Q_B、Q_A 作为输出端,则构成异步 8421 码十进制加法计数器。

(4) 若将 CP_1 与 Q_D 相连,计数脉冲由 CP_2 输入,Q_A、Q_D、Q_C、Q_B 作为输出端,则构成异步 5421 码十进制加法计数器。

(5) 清零、置 9 功能。

① 异步清零。当 $R_{0(1)}$、$R_{0(2)}$ 均为"1";$S_{9(1)}$、$S_{9(2)}$ 中有"0"时,实现异步清零功能,即 $Q_DQ_CQ_BQ_A=0000$。

② 置 9 功能。当 $S_{9(1)}$、$S_{9(2)}$ 均为"1";$R_{0(1)}$、$R_{0(2)}$ 中有"0"时,实现置 9 功能,即 $Q_DQ_CQ_BQ_A=1001$。

20.3　实验内容和步骤

由于实验电路中使用器件较多,实验前必须合理安排各器件在实验装置上的位置,使电路逻辑清楚,接线尽量较短。

实验时,应按照实验任务的次序,将各单元电路逐个进行接线和调试,即分别测试基本 RS 触发器、单稳态触发器、时钟发生器及计数器的逻辑功能,待各单元电路工作正常后,再将有关电路逐级连接起来进行测试,直到测试电子秒表整个电路的功能。

这样的测试方法有利于检查和排除故障,保证实验顺利进行。

1. 基本 RS 触发器的测试

测试方法参考实验 9。

2. 单稳态触发器的测试

（1）静态测试

用直流数字电压表测量 A、B、D、F 各点电位值，并记录下来。

（2）动态测试

输入端接 1kHz 连续脉冲源，用示波器观察并描绘 D 点(V_D)、F 点(V_o)波形，如嫌单稳输出脉冲持续时间太短，难以观察，可适当加大微分电容 C（如改为 $0.1\mu\mathrm{F}$），待测试完毕再恢复 4700pF。

3. 时钟发生器的测试

测试方法参考实验 14，用示波器观察输出电压波形并测量其频率，调节 R_W，使输出矩形波频率为 50Hz。

4. 计数器的测试

（1）计数器①接成五进制形式，$R_{0(1)}$、$R_{0(2)}$、$S_{9(1)}$、$S_{9(2)}$ 接逻辑开关输出插口，CP_2 接单次脉冲源，CP_1 接高电平"1"，$Q_D \sim Q_A$ 接实验设备上译码显示输入端 D、C、B、A，按表 20-1 测试其逻辑功能，并记录下来。

（2）计数器②及计数器③接成 8421 码十进制形式，同内容(1)进行逻辑功能测试。记录之。

（3）将计数器①、②、③级联，进行逻辑功能测试，并记录下来。

5. 电子秒表的整体测试

各单元电路测试正常后，按图 20-1 把几个单元电路连接起来，进行电子秒表的总体测试。

先按一下按钮开关 K_2，此时电子秒表不工作，再按一下按钮开关 K_1，则计数器清零后便开始计时，观察数码管显示计数情况是否正常，如不需要计时或暂停计时，按一下开关 K_2，计时立即停止，但数码管保留所计时之值。

6. 电子秒表准确度的测试

利用电子钟或手表的秒计时对电子秒表进行校准。

20.4　实验器材

（1）LH-D48 型数字电路实验箱。

（2）OW18B 型数字万用表。

（3）芯片：75LS00、74LS90、555。

（4）电阻、电容、LED 数码管等若干。

（5）XDS3102 型双通道多功能示波器。

20.5　实验预习要求

（1）复习 RS 触发器、单稳态触发器、时钟发生器及计数器等内容。

（2）除本实验中所采用的时钟源外，选用另外两种不同类型可供本实验用的时钟源。

（3）画出电路图，选取元器件。

（4）列出电子秒表单元电路的测试表格。

（5）列出调试电子秒表的步骤。

20.6　实验报告要求

（1）总结电子秒表整个调试过程。

（2）分析调试中发现的问题及故障排除方法。

参 考 文 献

[1] 寇戈,蒋立平.模拟电路与数字电路[M].3 版.北京:电子工业出版社,2015.

[2] 张锋,杨建国.模拟电子技术基础实验指导书[M].北京:机械工业出版社,2016.

[3] 康华光,陈大钦.电子技术基础[M].6 版.北京:高等教育出版社,2013.

数字电路实验箱系统概况

1. LH-D48 数字电路实验箱的技术性能及布局(启东计算机有限公司数字电路实验箱)

数字电路实验系统布局图如附图 A-1 所示。

电子音响	可调脉冲	数码管	七段 LED 数码显示器	开关量输出并显示	逻辑笔	电源输出及报警
蜂鸣器	单脉冲	固定脉冲发生		开关量输入并显示	BCD 码输入	

芯片锁存器		
芯片插口	蜂鸣器开关	元器件
导线测试	多点接线	元器件

附图 A-1 系统布局图

(1)电源:采用高性能、高可靠开关型稳压电源,具有短路保护、过载保护及自动恢复功能。

输入:AC 220V±10%。

输出:DC 5V/2A,DC ±12V/0.5A,DC 0~12V/0.5A 可调。

(2)信号源如下。

单脉冲:有二路单脉冲电路,每路产生一个正单脉冲 SP 和一个负单脉冲 $\overline{SP}$。

连续脉冲:分两组,一组为 7 路固定频率的方波 1Hz、100Hz、1kHz、10kHz、100kHz、0.5MHz、1MHz。另一组为连续可调方波 1Hz~1kHz。

(3)12 位逻辑电平开关:可输出 0、1 电平,同时带有电平指示,当开关置 1 电平时,对应的指示灯亮,开关置 0 电平时,对应的指示灯灭,开关状态一目了然。

(4)12 位电平指示:由 12 只 LED 及驱动电路组成。当正逻辑 1 电平输入时,LED 点亮;反之 LED 熄灭。

（5）数码管显示:由 6 位 7 段 LED 数码管及译码器组成。供数字钟、日历等实验显示用,每组由 BCD 码输入插孔 A、B、C、D 和数码管的公共端 COM 组成。

（6）蜂鸣器、喇叭及驱动电路:提供时钟报时、报警、音乐用等发声装置。

（7）有 2 组 BCD 码拨码盘,可产生 2 组 BCD 码(8421 码)数字信号,有 8421 插孔输出。

（8）逻辑笔可测线路逻辑状态。

（9）开放式实验区:提供 16 只 IC 圆孔插座(2 只 8 芯、10 只 14 芯和 4 只 16 芯),圆孔插座接触好,耐插拔。另提供 2 个 14 芯、2 个 16 芯、1 个 20 芯、1 个 40 芯的锁紧插座,用于部分扩展实验,如 A/D 或 D/A 等。

（10）全部信号的引出插孔均采用中型镀金孔,不氧化,不变色。实验连接线采用镀金自锁紧插头,接线的可靠性好。

（11）提供电阻、电容、二极管、三极管接插区,方便扩展。

2. 电路及原理图

1）时钟源

实验系统配有 7 路精确的时钟:1Hz、100Hz、1kHz、10kHz、100kHz、500kHz、1MHz。1MHz 时钟由石英晶体振荡器产生,精确度高,其余 6 路时钟由 1MHz 时钟源经 74HC390 分频后产生,如附图 A-2 所示。

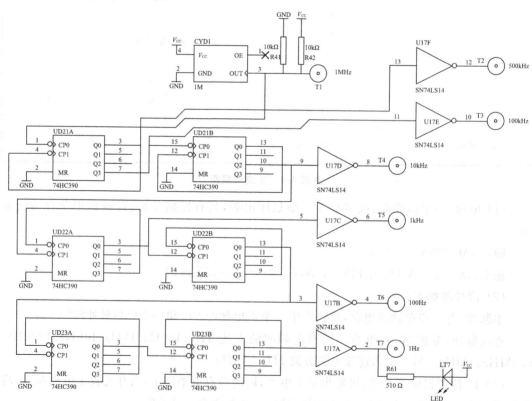

附图 A-2　时钟源电路

另外,还提供一路连续可调频率的时钟,输出频率为 $1\text{Hz}\sim1\text{kHz}$ 的可调方波信号。它采用 CMOS 器件 555 组成的振荡线路,如附图 A-3 所示。

2)单脉冲及相位滞后脉冲

系统配有 2 个单脉冲按钮 S_1、S_2,分别产生 2 路正、负单脉冲 SP_1、$\overline{SP_1}$、SP_2、$\overline{SP_2}$。单脉冲发生器采用 RS 触发器构成的消抖电路,如附图 A-4 所示。

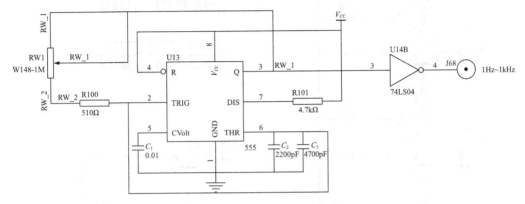

附图 A-3　可调频率时钟电路

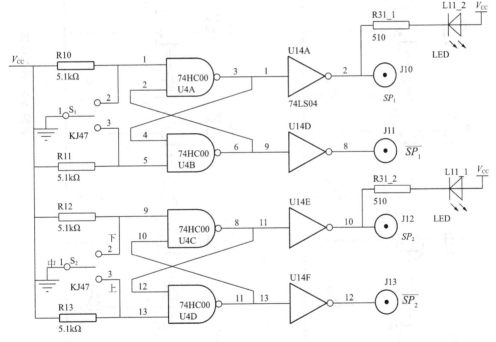

附图 A-4　单脉冲发生器电路

3)逻辑电平开关和发光二极管 LED

$K_0\sim K_{11}$ 逻辑电平开关由 12 只拨动开关组成,拨动开关拨在上面,相应的插孔输出 1 电平,同时开关状态指示灯点亮;拨动开关拨在下面,相应的插孔输出 0 电平,同时开关状态指示灯熄灭,如附图 A-5 所示。$L_0\sim L_{11}$ 发光二极管用来指示信号电平的高低。信号输入插孔接入高电平时,对应发光二极管点亮;信号输入插孔接入低电平时,对应发光二极管熄灭,如附图 A-6 所示。

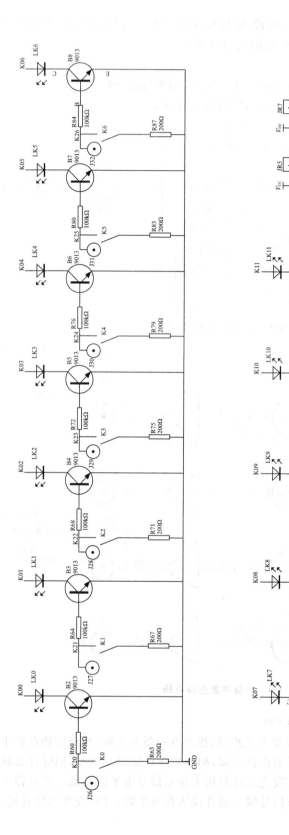

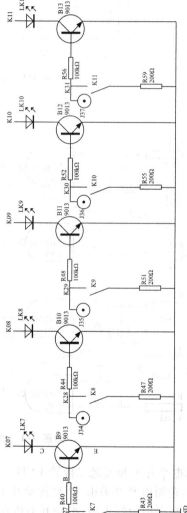

附图 A-5 开关电路

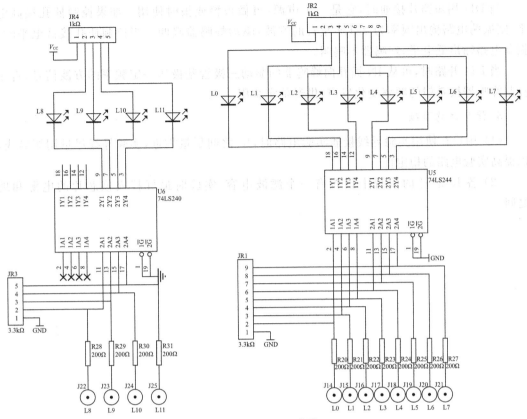

附图 A-6　LED 电路

4）数码管及其驱动电路

为了能做较复杂的实验,如时钟和日历等,实验系统上安装了 6 个共阴数码管。每个数码管由一片 CC4511 译码驱动。$LED_1 \sim LED_6$ 为数码管的 COM 端（公共端）。各个数码管的 4 个输入插孔为 D、C、B、A（D 为最高,A 为最低）,本机出厂时,数码管用共阴,当对应的 COM 端接低电平时,4 个输入端接入十六进制数 0～9 时,数码管就显示相应的数 0～9。

5）蜂鸣器及驱动电路

蜂鸣器及驱动电路由可控震荡电路、蜂鸣器和驱动电路组成,如附图 A-7 所示。

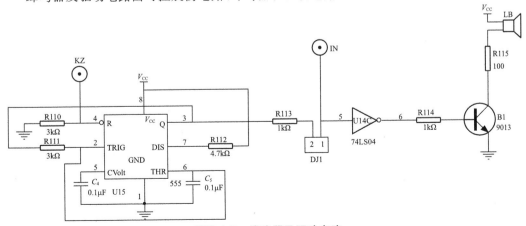

附图 A-7　蜂鸣器及驱动电路

当 DJ1 用短路片接通时,它是一个声源,可做报警或报时使用。如果控制插孔接高电平,则振荡电路输出频率为 2kHz 左右的方波,驱动蜂鸣器鸣叫。当控制插孔接低电平时,振荡电路输出低电平,蜂鸣器不鸣叫。

当 DJ1 开路时,可从 IN 插孔向蜂鸣器的驱动三极管基极送一定频率的方波信号,直接控制蜂鸣器按希望的频率变化发声,供音乐实验用。

3. 使用注意事项

(1) 用户在使用实验导线接插实验电路时,IC 之间尽量靠近,实验导线尽量用短导线,以提高实验电路的稳定性。

(2) 各 IC 芯片的位置上设置有一个滤波电容,实验时最好接入该芯片的电源和地之间。

常用芯片的引脚功能及内部引脚图

1. 常用芯片的引脚功能

类别	简称	逻辑表达式和符号	引脚图
非门	7404	$Y = \overline{A}$	14 13 12 11 10 9 8 V_{CC} 6A 6Y 5A 5Y 4A 4Y 1A 1Y 2A 2Y 3A 3Y 地 1 2 3 4 5 6 7
与门	7408	$Y = A \cdot B$	14 13 12 11 10 9 8 V_{CC} 4A 4B 4Y 3A 3B 3Y 1A 1B 1Y 2A 2B 2Y 地 1 2 3 4 5 6 7
与门	7411	$Y = A \cdot B \cdot C$	14 13 12 11 10 9 8 V_{CC} 1A 1Y 3A 3B 3C 3Y 1B 1C 2A 2B 2C 2Y 地 1 2 3 4 5 6 7

类别	简称	逻辑表达式和符号	引脚图
与门	7421	$Y = A \cdot B \cdot C \cdot D$	
与非门	7400	$Y = \overline{A \cdot B}$	
与非门	7410	$Y = \overline{A \cdot B \cdot C}$	
	7420	$Y = \overline{A \cdot B \cdot C \cdot D}$	
或门	7432	$Y = A + B$	

类别	简称	真 值 表							引脚图
		门控	输　入		输　出				
		$\overline{G}$	B	A	Y_3	Y_2	Y_1	Y_0	
双 2-4 线译码器	74139	1	×	×	1	1	1	1	1　$\overline{1G}$　V_{CC}　16
		0	0	0	1	1	1	0	2　1A　$\overline{2G}$　15
		0	0	1	1	1	0	1	3　1B　2A　14
		0	1	0	1	0	1	1	4　1Y0　2B　13
		0	1	1	0	1	1	1	5　1Y1　2Y0　12
									6　1Y2　2Y1　11
									7　1Y3　2Y2　10
									8　地　2Y3　9

类别	简称	逻辑表达式和符号	引脚图
异或门	7486	$Y = A \oplus B$　=1	14 13 12 11 10 9 8 V_{CC} 4A 4B 4Y 3A 3B 3Y 1A 1B 1Y 2A 2B 2Y 地 1 2 3 4 5 6 7

类别	简称	真 值 表													引脚图
		门控		输　入			输　出								
		G1	G2A+G2B	C	B	A	Y_7	Y_6	Y_5	Y_4	Y_3	Y_2	Y_1	Y_0	
3-8 线译码器	74138	×	1	×	×	×	1	1	1	1	1	1	1	1	1　A　V_{CC}　16
		0	×	×	×	×	1	1	1	1	1	1	1	1	2　B　Y_0　15
		1	0	0	0	0	1	1	1	1	1	1	1	0	3　C　Y_1　14
		1	0	0	0	1	1	1	1	1	1	1	0	1	4　G2A　Y_3　13
		1	0	0	1	0	1	1	1	1	1	0	1	1	5　G2B　Y_4　12
		1	0	0	1	1	1	1	1	1	0	1	1	1	6　G1　Y_4　11
		1	0	1	0	0	1	1	1	0	1	1	1	1	7　Y_7　Y_5　10
		1	0	1	0	1	1	1	0	1	1	1	1	1	8　地　Y_6　9
		1	0	1	1	0	1	0	1	1	1	1	1	1	
		1	0	1	1	1	0	1	1	1	1	1	1	1	

续表

类别	简称	真值表																	引脚图
		级联输入	输入									输入			级联输出		引脚图
		EI	7	6	5	4	3	2	1	0	A_2	A_1	A_0	EO	GS	
8-3线编码器	74148	1	×	×	×	×	×	×	×	×	1	1	1	1	1	
		0	1	1	1	1	1	1	1	0	1	1	1	1	0	
		0	1	1	1	1	1	1	0	×	1	1	0	1	0	
		0	1	1	1	1	1	0	×	×	1	0	1	1	0	
		0	1	1	1	1	0	×	×	×	1	0	0	1	0	
		0	1	1	1	0	×	×	×	×	0	1	1	1	0	
		0	1	1	0	×	×	×	×	×	0	1	0	1	0	
		0	1	0	×	×	×	×	×	×	0	0	1	1	0	
		0	0	×	×	×	×	×	×	×	0	0	0	1	0	
		0	1	1	1	1	1	1	1	1	1	1	1	0	1	

74148 引脚图：
左侧：1—4，2—5，3—6，4—7，5—EI，6—A_2，7—A_1，8—地
右侧：V_{CC}—16，EO—15，GS—14，3—13，2—12，1—11，0—10，A_0—9

类别	简称	真值表				引脚图
		选通	输入		输出	
		G	B	A	Y	
2-4选一	74153	1	×	×	0	
		0	0	0	$Y=D_0$	
		0	0	1	$Y=D_1$	
		0	1	0	$Y=D_2$	
		0	1	1	$Y=D_3$	

74153 引脚图：
左侧：1—$\overline{1G}$，2—B，3—1D3，4—1D2，5—1D1，6—1D0，7—1Y，8—地
右侧：V_{CC}—16，$\overline{2G}$—15，A—14，2D3—13，2D2—12，2D1—11，2D0—10，2Y—9

类别	简称	真值表				引脚图
		PR	CLR	CK	功能	
正沿触发双D触发器	7474	1	0	×	清零($Q=0$)	
		0	1	×	置1($Q=1$)	
		1	1	↑	置数($Q=D$)	
		1	1	0	保持($Q=Q_0$)	

7474 引脚图：
左侧：1—1CLR，2—1D，3—1CK，4—1PR，5—1Q，6—$1\overline{Q}$，7—地
右侧：V_{CC}—14，2CLR—13，2D—12，2CK—11，2PR—10，2Q—9，$2\overline{Q}$—8

类别	简称	真值表			引脚图
		CLR	CP	功能	
正沿触发四 D 触发器	74175	0	×	清零($Q=0$)	
		1	↑	置数($Q=D$)	
		1	1	保持($Q=Q_0$)	

引脚图：
```
1 — CLR    V_CC — 16
2 — 1Q      4Q — 15
3 — 1Q̄     4Q̄ — 14
4 — 1D      4D — 13
5 — 2D      3D — 12
6 — 2Q̄     3Q — 11
7 — 2Q      3Q̄ — 10
8 — 地      CP  — 9
```

类别	简称	真值表					引脚图
		PR	CLR	CK	J	K	功能
负沿触发双 JK 触发器	7476	1	0	×	×	×	清零
		0	1	×	×	×	置 1
		1	1	↓	0	0	保持
		1	1	↓	1	1	状态变化
		1	1	↓	0	1	$Q=0$
		1	1	↓	1	0	$Q=1$

引脚图：
```
1 — 1CK     1K — 16
2 — 1PR     1Q — 15
3 — 1CLR    1Q̄ — 14
4 — 1J      地 — 13
5 — V_CC    2K — 12
6 — 2CK     2Q — 11
7 — 2PR     2Q̄ — 10
8 — 2CLR    2J — 9
```

类别	简称	真值表					引脚图
		$\overline{R_0}$	$\overline{S_0}$	CP	J	K	功能
负沿触发双 JK 触发器	74112	1	0	×	×	×	清零
		0	1	×	×	×	置 1
		1	1	↓	0	0	保持
		1	1	↓	1	1	状态变化
		1	1	↓	0	1	$Q=0$
		1	1	↓	1	0	$Q=1$

引脚图：
```
1 — 1CP     V+ — 16
2 — 1K      1R̄_0 — 15
3 — 1J      2R̄_0 — 14
4 — 1S̄_0    2CP — 13
5 — 1Q      2K — 12
6 — 1Q̄      2J — 11
7 — 2Q̄      2S̄_0 — 10
8 — GND     2Q — 9
```

续表

类别	简称	真值表			引脚图
		S_1	S_0	功能	
四位双向移位寄存器	74194	0	0	保持	
		0	1	右移	
		1	0	左移	
		1	1	并入	

引脚图（74194）:
1 $\overline{CR}$ — V_{CC} 16
2 S_R — Q_0 15
3 I_0 — Q_1 14
4 I_1 — Q_2 13
5 I_2 — Q_3 12
6 I_3 — CP 11
7 S_L — S_1 10
8 地 — S_0 9

类别	简称	真值表					功能	引脚图
		CLR	CLK	LD	P	T		
四位二进制同步计数器（正沿触发器）	74161	0	×	×	×	×	清零	
		1	↑	0	×	×	置数	
		1	↑	1	1	1	计数	
		1	×	1	0	×	保持	
		1	×	1	×	0	保持	

引脚图（74161）:
1 $\overline{CLR}$ — V_{CC} 16
2 CLK — cout 15
3 A — Q_A 14
4 B — Q_B 13
5 C — Q_C 12
6 D — Q_D 11
7 P — T 10
8 地 — $\overline{LD}$ 9

2. 常用芯片内部引脚图

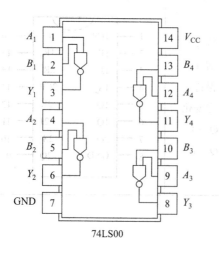

74LS00

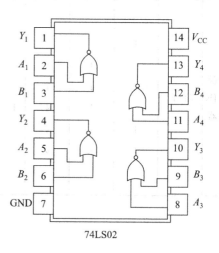

74LS02

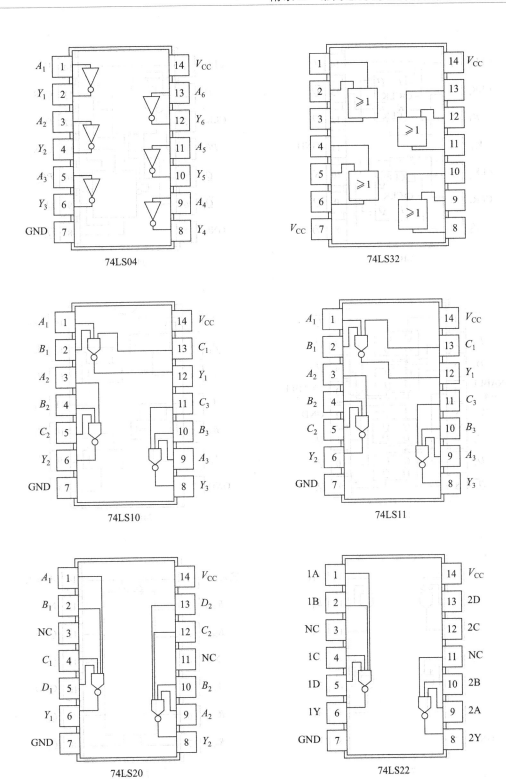

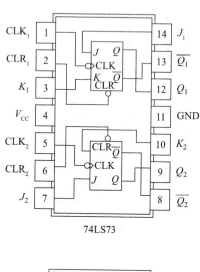

74LS73

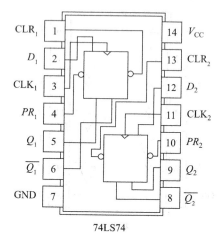

74LS74

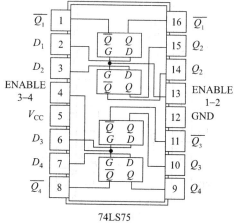

74LS75

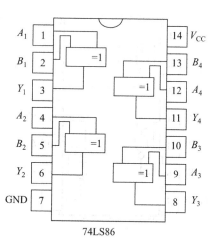

74LS86

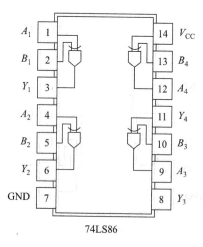

74LS86

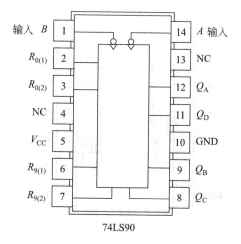

74LS90

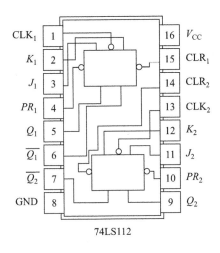

74LS112

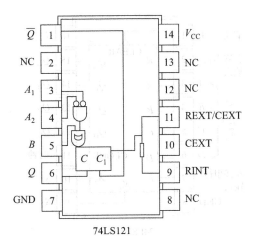

74LS121

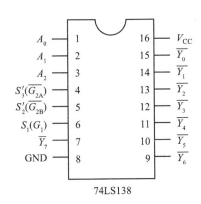

74LS138

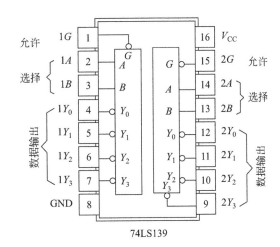

74LS139

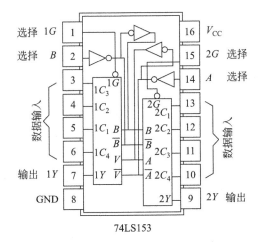

74LS153

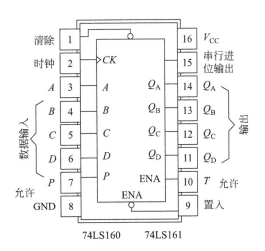

74LS160　74LS161

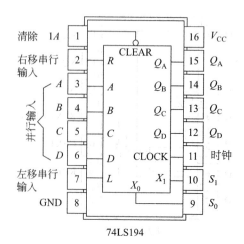

清除 1A | 1

右移串行
输入 | 2

并行输入
A | 3
B | 4
C | 5
D | 6

左移串行
输入 | 7

GND | 8

CLEAR

R Q_A
A Q_B
B Q_C
C Q_D
D CLOCK
L X_1
X_0

16 | V_{CC}
15 | Q_A
14 | Q_B
13 | Q_C
12 | Q_D
11 | 时钟
10 | S_1
9 | S_0

74LS194